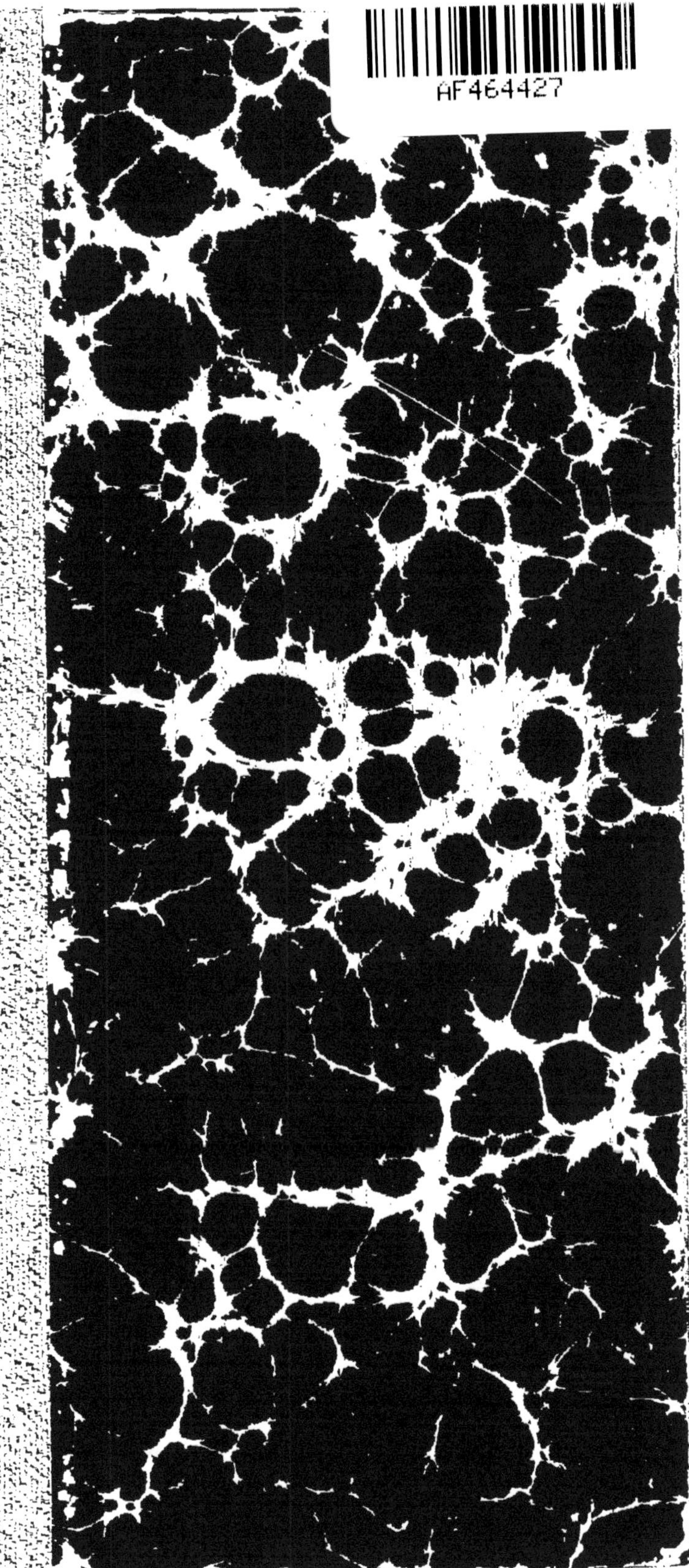

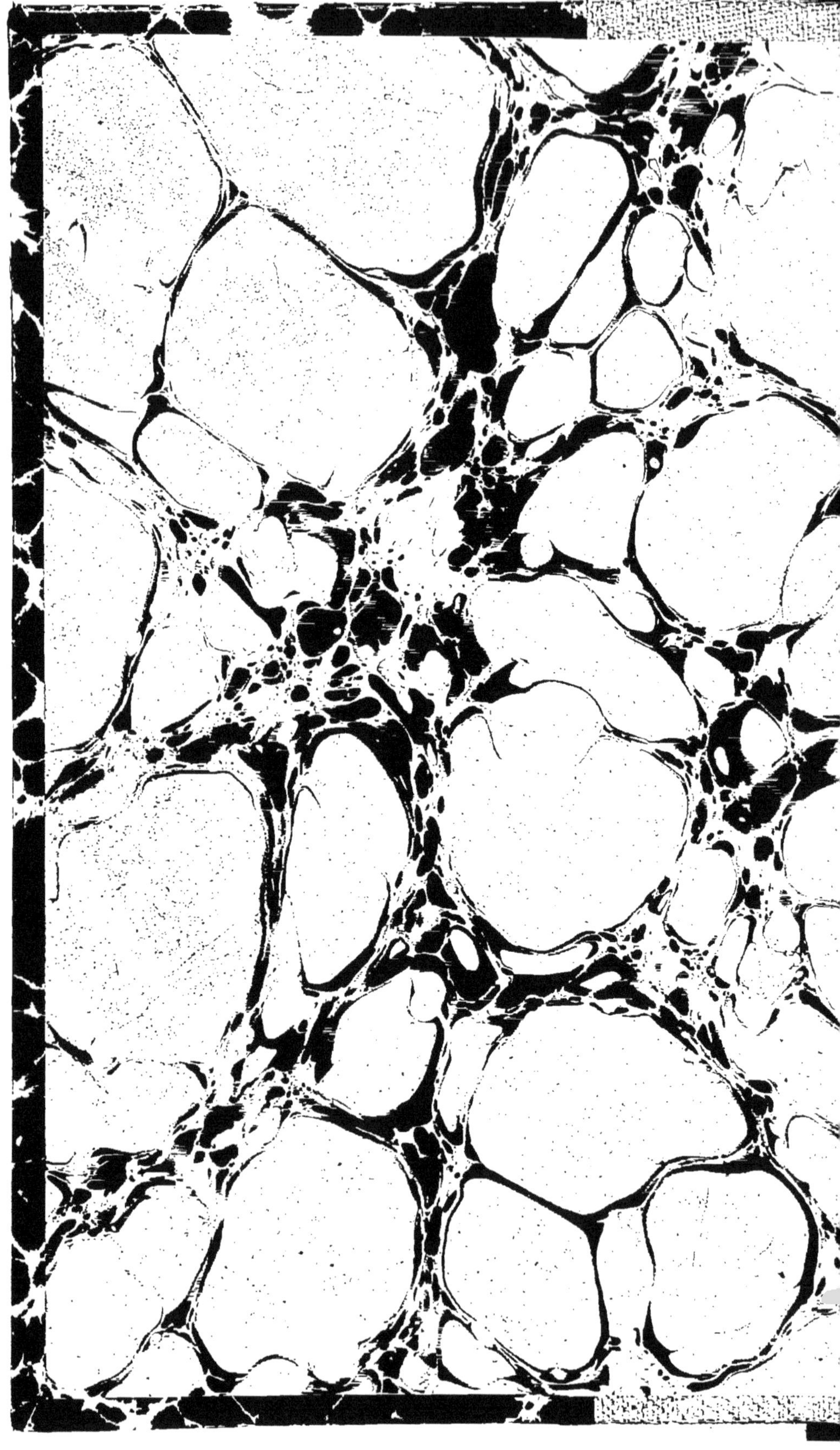

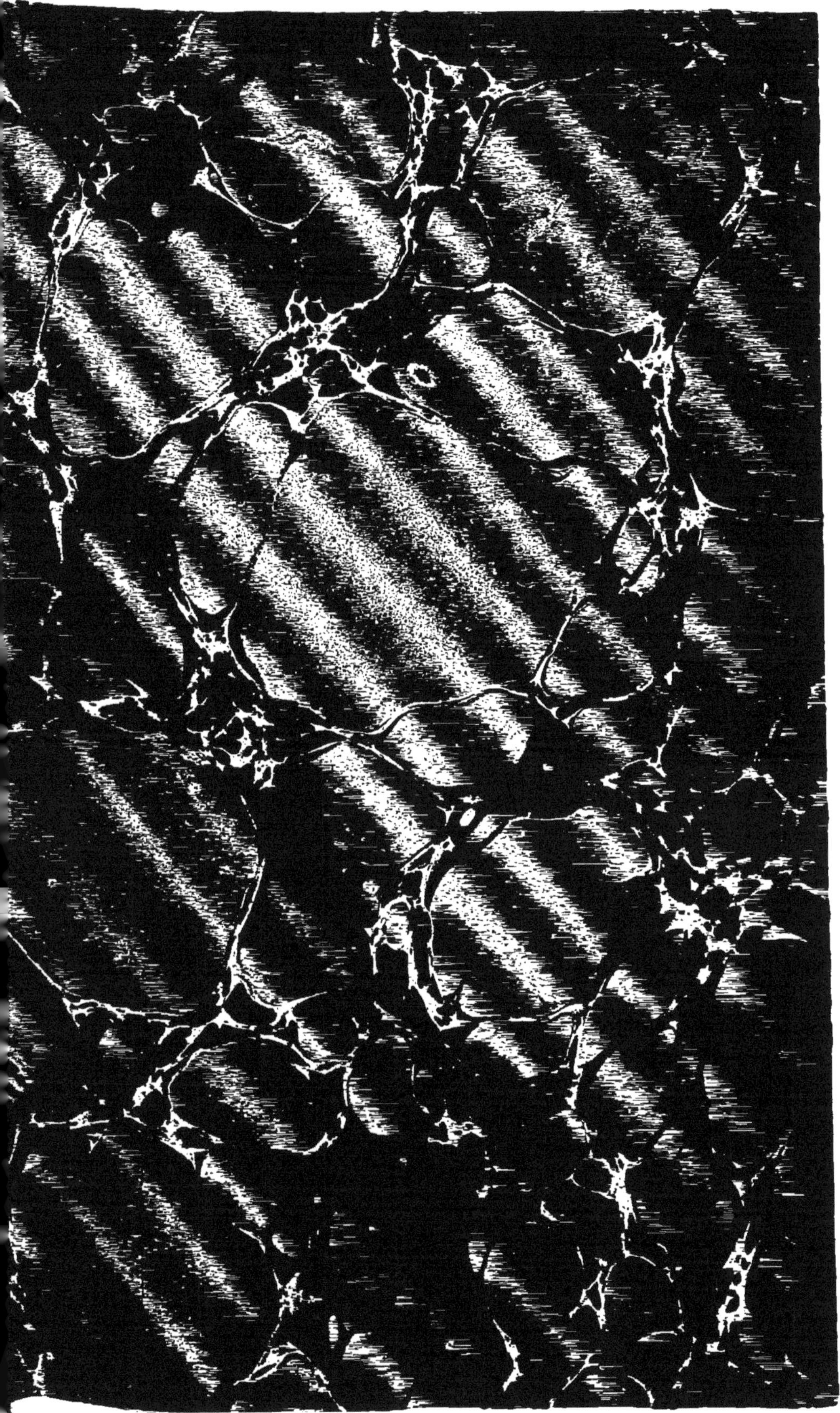

J. BOULANGER

BIBLIOTHÈQUE DES CHEMINS DE FER

LA CANGE

VOYAGE EN ÉGYPTE

PAR

LOUIS PASCAL

PARIS
LIBRAIRIE DE L. HACHETTE ET Cie
RUE PIERRE-SARRAZIN, N° 14
1861

LA CANGE

VOYAGE EN ÉGYPTE

PARIS. — IMPRIMERIE DE CH. LAHURE ET Cie
Rues de Fleurus, 9, et de l'Ouest, 21

LA CANGE

VOYAGE EN ÉGYPTE

PAR

LOUIS PASCAL

PARIS
LIBRAIRIE DE L. HACHETTE ET Cie
RUE PIERRE-SARRAZIN, No 14

1861

A

M. AMÉDÉE REVENAZ

Ce livre est respectueusement dédié

par

son tout dévoué et reconnaissant

Louis Pascal

UN MOT AU LECTEUR.

Ceci n'est point un livre savant ni un livre nouveau, il ne vous apprendra rien sur les antiquités égyptiennes, il ne viendra jeter aucune lumière sur l'origine et les coutumes d'un peuple, en tous points digne d'intérêt, mais assez mal connu. Il s'offre à vous sans prétentions, et demande à être lu, comme il a été écrit, rapidement.

Quand, l'an dernier, je conçus le projet de visiter l'Égypte, je cherchai, avant de partir, quelques livres qui pussent me donner les renseignements nécessaires pour exécuter, avec fruit, le voyage que je projetais. Je lus d'abord Murray, mais ce n'est qu'un guide. J'ouvris Wilkinson, mais il ne donne que des détails sur les fresques et les coutumes de l'Égypte ancienne. Je parcourus Barthleth, mais tout le monde ne comprend pas l'anglais.

Je revins alors aux ouvrages français : nous avons, en première ligne, le savant ouvrage de Clot-Bey, mais, par cela même qu'il est savant, il ne m'apprenait rien de ce que je désirais connaître; les deux seuls qui pouvaient me servir étaient ceux de MM. Eugène Poitou et Charles Didier, deux charmants conteurs, mais l'un s'arrêtait même avant la première cataracte, et l'autre, au contraire, ayant visité le Soudan, s'occupait assez peu de l'Égypte.

Après avoir bien feuilleté, je finis par où j'aurais dû commencer, c'est-à-dire que j'allai trouver un ami qui avait fait le voyage, et qui m'en apprit plus, en une demi-heure, que tous les livres que j'avais lus.

Ne voulant pas adresser à ce complaisant ami tous ceux qui désireraient faire le voyage d'Égypte, et je le regrette, car je le prive peut-être du plaisir de faire votre connaissance, je conçus le projet de combler une lacune que j'avais reconnue moi-même dans ce qu'on a publié jusqu'à ce jour sur l'Égypte, et de donner au public, en un petit volume portatif, le récit exact, véridique, et peut-être un peu prosaïque, d'un voyage sur le Nil, et d'indiquer les moyens de l'exécuter facilement.

A mon retour j'ai donc réuni toutes les lettres que j'avais écrites à mes amis, et, n'en ayant changé que quelque peu la forme, je vous les offre aujourd'hui, cher lecteur; vous trouverez bien encore, par-ci par-là, dans ce livre, quelques détails historiques; s'ils vous ennuient, vous pouvez les passer, sans que je m'en formalise.

Maintenant, vous êtes prévenu. Quand vous aurez parcouru ce petit volume, vous me refuserez peut-être votre approbation : je crains fort qu'il ne soit pas digne de vous être présenté, et je vous en fais humblement mes excuses; mais, s'il n'a pas d'autres mérites, il lui en restera toujours un qui n'est pas sans valeur, c'est d'être *véridique*. Je n'ai écrit que ce que j'ai vu, que ce que d'autres ont vu avant moi et ce que vous verrez, je l'espère, si un jour ou l'autre la fantaisie vous prend de fouler le sol égyptien ; puisse alors mon petit livre vous être de quelque utilité, je serai récompensé de l'avoir publié.

Paris, décembre 1860.

L. P.

LA CANGE.

VOYAGE EN ÉGYPTE.

LETTRE I.

Marseille, 4 février 1860.

Mon cher ami, vous m'avez fait promettre de vous écrire souvent et longuement; c'est avec bonheur que je tiens ma parole, car vous n'êtes pas de ceux pour qui je marchande une lettre, et le plaisir de converser avec vous me fait secouer ma paresse habituelle.

Je suis depuis quelques heures seulement à Marseille et je me hâte de vous en donner avis. Tout indigène que soit cette lettre, je ne doute pas néanmoins qu'elle ne soit bien accueillie, votre amitié pour moi en est un sûr garant et l'empressement que j'aurai à vous mettre au courant de mes faits et gestes pourra vous convaincre de ma sincère affection.

Après avoir parcouru, en moins de vingt heures, le trait d'union de huit cent soixante-deux kilomètres qui joint Paris à Marseille, me voici installé à l'hôtel des Empereurs, et jouissant du coup d'œil *magique* de la Cannebière.

J'ai retrouvé le Marseillais tel que je l'avais laissé, il y a deux ans, lors de ma tournée dans le midi de la France; vif, ardent au plaisir, hâbleur.... pour ne pas dire plus — très-fort aux dominos — partageant sa journée d'une manière aussi peu utile qu'agréable — consommant force *glorias* et sorbets, flânant au *Prado*, roucoulant au soleil, faisant de fréquentes visites chez *Castelmuro*, dormant une partie de la journée, passant ses soirées au théâtre — ou jouant le bésigue — avec une fureur à nulle autre pareille.... et travaillant enfin.... quand il n'y a plus rien autre chose à faire.... et cependant — avec cette manière de vivre — le Marseillais trouve encore le temps de faire fortune!

Je ne vous parlerai pas de Marseille : l'ancienne ville disparaît à vue d'œil, et la nouvelle s'accroît, avec une telle rapidité, chaque jour, qu'on ne peut encore prévoir où elle s'arrêtera ; cependant — sans m'avancer beaucoup — je puis aussi bien affirmer qu'avant dix ans d'ici Marseille sera, pour le commerce, la première ville de l'Empire, et pour les plaisirs un second Paris, que certifier aux architectes de la nouvelle Bourse qu'ils n'ont pas placé leur monument dans l'axe de la place donnant sur la Cannebière et qui lui fait vis-à-vis.

Aussitôt après mon arrivée, je suis allé à l'administration des Messageries impériales m'enquérir du nom du vapeur qui doit me transporter en Orient. Je suis favorisé, le navire qui doit porter *César et sa fortune* est un des plus beaux de la compagnie — en attendant qu'il en devienne un des plus laids — car, dans les chantiers de constructions des Messageries impériales c'est comme chez Nicolet.... de plus fort en plus fort.... et chaque nouveau navire, mis à la mer, est un chef-d'œuvre perfectionné d'élégance et de bon goût. Avec une grâce parfaite, on me fit visiter mon futur domicile et, somme toute, si la mer veut y mettre un peu du sien, et ne pas se montrer trop turbulente, j'aurai, je l'espère, une traversée agréable, avec les jouissances d'un *confort* qui m'a paru des plus satisfaisants.

N'ayant plus rien à faire, tous mes préparatifs étant terminés, je suis allé au Jardin zoologique : il n'est pas très-remarquable et — sauf quelques animaux offerts par M. Delaporte, notre consul au Caire, il n'y a pas grand'chose à voir.... c'est égal, c'est une tentative heureuse, faite par les Marseillais.... il faut leur en savoir gré !

Adieu, mon cher ami, je termine ici cette lettre — qui n'en est pas une : quand vous la recevrez j'aurai déjà quitté la France, regrettant amèrement que, malgré mes sollicitations, vous n'ayez pas voulu me suivre.

LETTRE II.

Alexandrie, 12 février.

Mon cher ami, me voici débarqué et casé, tant bien que mal, dans un hôtel; mais ce n'a pas été sans peine, et je suis encore tout ahuri quand je pense aux efforts qu'il a fallu faire, pendant deux heures, pour soustraire mes *colis* (style de roulage) à l'obligeante rapacité des portefaix égyptiens.... Je vais tâcher de procéder par ordre et vous raconter mes émotions et mes tribulations pendant la traversée.

Je ne sais si je vous ai donné, dans ma dernière lettre, le nom du navire sur lequel je m'embarquais. *Le Gange*, d'environ trois cents chevaux, nous a fait faire une traversée des plus rapides; il est vrai de dire que nous avions bon vent et que, les voiles aidant la vapeur, nous marchions avec une vitesse moyenne de treize nœuds et demi à l'heure.

Nous étions partis par un temps magnifique ; le ciel, d'un bleu d'azur, se reflétait dans la mer et lui prêtait sa couleur transparente. Le navire, calme et majestueux, s'inclinait mollement sous l'effort de la brise, laissant derrière lui un long sillon d'écume. Gai et dispos, j'eus bientôt fait connaissance avec mes compagnons de voyage, et le hasard me favorisa si bien que je trouvai dans ma cabine, comme voisin de lit, un jeune homme de mon âge qui fait absolument le même voyage que moi. A vingt-trois ans on se lie facilement, et le besoin que l'on a de parler et de se communiquer réciproquement ses impressions fait, qu'en quelques heures, on devient amis intimes. Du reste, sans nous connaître personnellement, nous n'étions pourtant pas complétement étrangers l'un à l'autre ; nos familles avaient eu autrefois des relations ensemble et deux de nos parents avaient fraternisé, il y a quelque vingt-cinq ans, à l'École polytechnique — douce fraternité qui s'étend même jusques aux descendants de ceux qui l'ont contractée !

M. de B.... a vingt-quatre ans : beau garçon et aimable compagnon de route, il sait prévenir en sa faveur par des manières douces et affables, et tout en gardant la retenue d'un homme du monde, il met néanmoins dans toutes ses actions un abandon et une sincérité de bon aloi qui font qu'on se trouve l'aimer, avant même d'avoir songé à s'en faire un ami. Mon caractère lui plut et il fut convenu que nous ferions tout notre voyage ensemble. Chacun proposa son plan, qui fut mûrement discuté en commun : on vota le budget et, tout étant terminé, on ne songea plus qu'à passer le plus agréablement possible les six jours qui nous restaient à habiter notre maison flottante.

Je proposai une partie d'échecs, avec assaisonnement de cigares : nous nous installons bravement sur le pont, et nous voici, devenus ennemis pour un moment, plongés dans les calculs stratégiques d'un échec et mat.

Je n'étais cependant pas tellement absorbé par la partie que je ne pusse remarquer que M. de B...., arrivé à la moitié de son cigare, commençait à le fumer avec moins d'ardeur : peu à peu la cendre, de blanche qu'elle était, prit une teinte grisâtre, puis enfin le cigare charbonna et finit par s'éteindre.

Profitant du moment où je combinais un échec double, il jeta le puros à la mer : ma combinaison ayant réussi et abouti au démantelage d'une tour, je me crus obligé de lui offrir, en consolation, un deuxième cigare.... mais, d'une voix émue, il me répondit qu'il n'en fumait jamais deux de suite : le refus — je l'admettais — mais l'émotion me parut louche.

Un instant après, je vis un de ses *fous* qui, abusant *du droit de libre circulation*, se livrait, sans rime ni raison, aux courses les plus désordonnées.... je levai les yeux sur M. de B...., de rose qu'elle était tout à l'heure sa figure avait arboré la couleur du safran ! Bientôt le *cavalier* voulut suivre la route du *fou* et tenait, au milieu de toutes les pièces, la conduite la plus dévergondée.... je levai de nouveau les yeux.... M. de B.... était passé au vert pomme.... décidément le jeu d'échecs produisait sur lui un singulier effet !

Nous allions atteindre les bouches de Bonifacio, le vent s'était élevé, une blanche écume couronnait la crête des vagues, le navire commençait *à danser*.... Hum ! hum ! imitant mon compagnon, je jetai mon cigare.... et je *roquai* à l'envers ; un coup de roulis renversa la *dame* de mon adversaire, je le regardai.... il était vert sombre.... décidément ce n'était pas un homme, c'était un caméléon !

Je crus prudent d'arrêter la partie, d'autant plus que je commençais à ressentir un léger mal de tête, avant-coureur du mal de mer et signe trop certain pour être dédaigné.

Avant que j'eusse fait la proposition d'abandonner la partie, M. de B.... avait dejà disparu. Puisse-t-il être arrivé à temps !

Je marchai sur le pont : le mouvement et l'air frais ne tardèrent pas à dissiper mon malaise et je pus jouir du coup d'œil singulier offert par « l'ours de Sardaigne. » On nomme ainsi une pierre de l'aspect le plus original, qui se présente sur une pointe de rochers et affecte positivement la forme d'un ours plongé dans les plus sérieuses réflexions.

Cependant la cloche du dîner se faisait entendre sur le pont — et à ce sujet vous saurez que la corde[1] qui la met en branle, est le seul morceau de *filin*[2] qui porte à bord le nom de corde—chaque cordage a son nom propre, en langage maritime, langage étrange et pittoresque, comme vous pourrez vous en convaincre par les désignations suivantes : *les haubans, les galhaubans, les drisses de perroquet, les écoutes, les martinets*.... j'en passe et des meilleures. Voilà, je l'espère, de l'érudition maritime! Mais revenons au dîner—c'était, pour beaucoup de gens, le moment critique — la mer était devenue houleuse et ce n'est pas sans un certain sentiment d'effroi qu'en entrant dans la salle à manger je remarquai que les tables à roulis avaient été munies de leurs *violons*, instruments qui, à bord, n'ont pas le privilége d'exciter la gaieté des passagers, en ce

1. On dit aussi : la corde du paratonnerre : ce sont les deux seules exceptions. Voir l'excellent *Dictionnaire de marine* de MM. de Bonnefoux et Pâris, capitaines de vaisseaux (Arthus Bertrand, éditeur).

2. Terme générique pour les cordages, autres que câbles et grelins. Voir *ibidem*.

qu'ils présagent le roulis et le tangage du navire, car, au lieu d'inviter à danser, ils sont destinés au contraire à retenir l'élan des bouteilles, des plats et des assiettes, trop disposés à prendre leurs ébats, au milieu de la chambre !

Beaucoup de passagers manquèrent à l'appel !

M. de B.... confiant dans son latin..., *audaces fortuna juvat*..., vint, en s'appuyant aux parois, prendre place à mes côtés. Folle témérité ! son *audace* ne fut pas récompensée, et quelques moments après, cédant à une émotion par trop vive.... il dut se retirer dans sa cabine.

« Comment allez-vous, pauvre ami ? lui criai-je, après avoir avalé ma soupe et dégusté mon verre de madère....

— Merci, répondit-il, j'ai le *cœur* plus léger. »

Je compris.

Le premier service n'était pas fini que la moitié des convives avait disparu.... Plût à Dieu que mon vis-à-vis en eût fait autant ! Je n'aurais pas à déplorer l'humiliation que subit une charmante redingote toute neuve, inondée, de la façon la plus désastreuse par un Anglais à la figure pâle et aux favoris rouges. Il me l'a complétement déshonorée, l'infâme !

Quand on servit le rôti, il ne restait à table que le commandant et l'employé des postes.... oh ! l'employé des postes, quelle magnifique fourchette !!!

quant à moi j'avais prudemment transporté les vivres sur le pont et je mangeais de bon cœur et de bon appétit, loin des soliloques et des hoquets de la foule.

Quand je descendis me coucher, je trouvai mon voisin en conversation fort intime avec sa cuvette et en train de lui démontrer.... un peu plus que la théorie du mal de mer. Que de confidences aussi intimes ne reçus-tu pas ce jour-là, ô mer Méditerranée!!!

Le lendemain, quand je me réveillai, je fus fort étonné de me trouver couché au milieu de la cabine; le roulis m'avait légèrement déplacé. M. de B.... avait bien entendu, dans la nuit, le bruit de la chute d'un corps, mais il avait cru, me dit-il, que c'était la commode qui se déplaçait. Pour vous, qui savez de quel appétit je dors, le fait n'a rien de surprenant!

Nous apercevions enfin les côtes de la Sicile. La mer commençait à se fâcher sérieusement, le navire se cabrait sur la lame, comme un cheval indompté, et les passagers, qui n'avaient pas le pied marin, tombaient sur le pont, comme des capucins de cartes. J'avais pris le parti de m'envelopper dans ma couverture de voyage et suivant l'impulsion du roulis, je me laissais aller, de *tribord à bâbord*, comme un poisson qu'on roulerait dans de la farine.

Il était onze heures du soir, la mer avait pris une

teinte foncée des moins rassurantes, de longs nuages noirs morcelaient le ciel, et de temps à autre un rayon de la lune, perçant l'obscurité, venait nous montrer toute l'horreur de notre position. Voilà, je l'espère, de la poésie descriptive.... mais quand je dis l'horreur de notre position, je devrais dire les horreurs que commettaient les passagers sur le pont !

J'allai trouver le commandant, M. de Penanros, un charmant homme, par parenthèse, et je lui demandai si nous n'arriverions pas bientôt à Malte.

« Parbleu, Malte est devant nous, me répondit-il, mais je vous avoue que j'hésite à entrer dans le port, avec une mer comme celle-ci.

— Diable ! » murmurai-je, et je m'éloignai en faisant cette réflexion qu'il vaudrait bien mieux être couché à terre dans un bon lit par un temps pareil.

Minuit allait sonner.... ou plutôt, pour conserver le cachet maritime à mon récit, le timonier allait *piquer* minuit; c'est, dans tout bon roman, l'heure mystérieuse à laquelle s'accomplit l'événement le plus palpitant d'intérêt du drame raconté.... C'est aussi à minuit que devait s'accomplir le dénoûment d'un drame qui ne laissait pas que de m'inquiéter, c'est-à-dire notre entrée dans le port.

Après avoir mûrement réfléchi, longuement consulté ses cartes et minutieusement observé le ciel et envisagé la mer, le capitaine prit le parti de tenter le passage.

« Parbleu ! me dit-il, vous allez voir comment on entre dans un port.

« Pare à virer ! cria le commandant ; la barre au vent ! »

Les chaînes du gouvernail grincèrent sous les efforts de la roue, le bateau vira brusquement et cédant à la nouvelle impulsion qui lui était donnée, il se mit bravement à lutter contre la lame.

Tout le monde était sur le pont : personne ne ressentait plus le mal de mer : une émotion profonde envahissait tous les cœurs. La vague, qui tout à l'heure nous prenait en flanc, déferlait maintenant sur l'arrière et nous couvrait d'écume. Le phare projetait ses lueurs pâles, montrant à tribord et à bâbord des masses de pierre sur lesquelles un seul faux coup de barre nous briserait infailliblement. Nous avancions avec la rapidité de la flèche : un moment les cœurs cessèrent de battre, le navire plongeait de l'avant et se relevait à faire croire qu'il allait se renverser sur lui-même.

« Timonier ! *n'arrivons pas !* » cria tout à coup le commandant.

Cette parole me surprit, et, je l'avoue, me contraria singulièrement, car mon plus ardent désir était au contraire d'arriver au plus tôt, et je ne fus rassuré qu'après m'être timidement renseigné auprès d'un officier qui voulut bien me traduire le sens maritime de la phrase du commandant: *n'arrivons pas!* cela veut dire tenons la barre du gouvernail bien droite, afin que le bâtiment ne dérive pas de la route. A la bonne heure ! j'aime mieux ça que le sens vulgaire.... La belle chose que la langue maritime.... quand on la comprend [1] !

Enfin, le bienheureux cri de « stop » se fit entendre.... nous entrions dans le port! Le navire se trouva soulagé du poids énorme que chacun avait sur le cœur.... nous étions tranquillement amarrés.

Ce fut avec un sentiment de franche satisfaction et de reconnaissance que chacun vint féliciter le commandant et lui serrer la main..., et lui, comme un homme accoutumé à semblables choses, marchait à grands pas sur le pont, se contentant de grommeler entre ses dents: « Quelle chienne de mer! quelle chienne de mer! »

Pendant la journée que nous avons passée à Malte je n'ai pas perdu mon temps, comme vous pouvez bien le penser. Dès le matin j'escaladais les rues de la ville ; escalader est le mot, car elles sont roides comme des échelles, et je me mettais à la recherche de tout ce qu'il pouvait y avoir de curieux à visiter.

1. Les gens curieux de s'instruire pourront consulter un ouvrage fort intéressant, que vient de publier sous ce titre : *Le langage des marins*, M. G. de La Landelle, ancien officier de marine.

La ville de Malte, par elle-même, est des plus pittoresques; toutes les rues, en escaliers, offrent un aspect bizarre qui vous saisit. Les maisons, d'une propreté remarquable, se présentent coquettement, et derrière leurs jalousies brillent de beaux yeux noirs qui suivent curieusement vos pas. Les femmes m'ont paru fort jolies, autant du moins que m'a permis d'en juger leur mauvaise habitude de s'envelopper complétement dans des mantes de soie noire: le costume n'est pas disgracieux, j'en conviens, mais il voile complétement la figure.... et le promeneur y perd beaucoup.... du moins j'aime à le croire.

Je n'entreprendrai pas de vous faire la description de l'église Saint-Jean, avec ses magnifiques tombeaux et ses admirables mosaïques ; je laisserai également de côté le château du gouverneur et ses jardins plantés d'orangers ; je ne parlerai pas non plus de la salle d'armes, gardée par une armée de chevaliers, en bois et en carton, recouverts des anciennes armures des chevaliers de l'ordre. Les gravures et les photographies vous en donneront une peinture bien plus exacte que toutes les descriptions que je pourrais en faire. Du reste, à mon avis, rien n'est plus ennuyeux qu'une description de monuments, et si je me vois, par la suite, amené à vous en faire quelqu'une, j'aime mieux la réserver pour les ruines intéressantes que je trouverai en Égypte.

Je veux cependant vous dire un mot d'un tableau du Caravage, placé dans une des chapelles latérales de l'église Saint-Jean : « La Décollation de saint Jean. » C'est une belle toile, malheureusement peu conservée.

A propos de cette peinture, le *cicerone* ne manque jamais de raconter une histoire plus ou moins authentique, que je vous livre sous toute réserve et S. G. D. G.

Michel-Ange Caravage, avec tout son talent, était querelleur au possible, et, somme toute, assez mauvais coucheur. Il eut un jour maille à partir avec un chevalier de Malte ; la discussion s'envenima et Caravage fut grossièrement insulté ; il demanda réparation et appela en duel son adversaire ; mais celui-ci lui répondit, avec mépris : « Qu'un chevalier de Malte ne pouvait se mesurer qu'avec son égal. »

Le peintre, ivre de fureur, alla supplier le grand maître de le recevoir chevalier, et cette faveur lui fut accordée, mais, sous cette condition, qu'il peindrait un tableau pour l'église de Saint-Jean.

Michel-Ange promit, fut reçu chevalier, et put tirer vengeance de celui qui l'avait insulté ; mais quand il fallut exécuter la promesse que lui avait arrachée l'orgueil du grand maître, le peintre regretta de l'avoir faite, et, pour diminuer autant que possible la valeur de l'ouvrage, il peignit son tableau sur une toile de coton, pour qu'il durât moins longtemps et qu'on ne pût le restaurer. C'est une explication comme une autre du délabrement de cette peinture, et de l'abandon dans lequel on la laisse : mais ne pourrait-on pas la rentoiler?

Au point de vue politique, l'île de Malte a joué un rôle assez important dans l'histoire des peuples. Située presque au centre de la Méditerranée, elle surveille à la fois l'Orient et l'Occident. Sorte de poste avancé, arsenal d'où s'élançaient les galères des chevaliers sur les corsaires barbaresques; aujourd'hui tanière où veille le lion britannique qui jette tantôt un regard de haine sur la France, sa rivale éternelle, tantôt un regard de convoitise sur l'Égypte, objet de ses incessants désirs!

Si l'île de Malte, comme je l'ai dit plus haut, est d'une valeur réelle, au point de vue politique, à cause de sa situation, elle n'est pas d'une moindre valeur, au point de vue matériel. Ce n'est, il est vrai, qu'un immense rocher, recouvert d'une couche peu profonde de terre végétale, mais sur ce rocher, et c'est une justice à rendre aux Anglais, ils ont su, grâce à une savante culture, faire pousser du coton, des orangers, des vignes, etc., etc., et récolter du miel et de la soude. On y trouve aussi beaucoup de gibier, et les abords de l'île abondent en poissons.

Selon quelques savants, Malte serait l'ancienne île d'Ogygie, demeure favorite de Calypso. Si la reine a abandonné ce séjour, les nymphes de la suite y sont restées, et le voyageur, en parcourant les rues de *Lavalette*, peut voir par l'étroite ouverture de la *Capa*, étinceler des yeux qui feraient désirer à plus d'un Télémaque de fixer son séjour dans cette île enchantée.

Les premiers possesseurs de Malte furent les Phéniciens et les Carthaginois. Puis les tyrans de la Sicile s'en emparèrent, mais durent céder la place aux Romains qui en restèrent maîtres, de l'an 218 avant Jésus-Christ, jusqu'à l'an 445 après Jésus-Christ. Enfin, après avoir successivement passé entre les mains des Vandales, des Arabes, des Normands de Sicile, elle fut cédée, en 1530, par Charles-Quint, aux frères hospitaliers, chassés de Rhodes par Soliman II.

Les nouveaux possesseurs prirent alors le nom de chevaliers de Malte et érigèrent leur domaine en État électif ; la mission de cet État fut, pendant plusieurs siècles, de détruire les pirates barbaresques.

Enfin, en 1798, Bonaparte, en allant en Égypte, s'empara de Malte et l'anéantit comme État politique. Les Anglais nous la prirent en 1800, et bien qu'aux termes du traité d'Amiens ils dussent la rendre à la France, avec leur loyauté habituelle, ils ne se pressèrent pas de le faire, et la restitution n'était pas opérée lorsque la guerre éclata de nouveau entre les deux nations. Par le traité de 1815, les Anglais firent ratifier leur tour de passe-passe! *Et nunc intelligite!!*

Sur la place d'armes on lit cette inscription caractéristique de l'orgueil et de la mauvaise foi britannique :

MAGNÆ ET INVICTÆ BRITANNIÆ
MELITENSIUM AMOR ET EUROPÆ VOX HAS INSULAS
CONFIRMANT.
A. D. 1814.

« A la grande et invincible Angleterre, l'amour des Maltais et la voix de l'Europe ont confirmé la possession de ces îles. »

L'amour des Maltais pour les Anglais doit ressembler énormément à celui que les Italiens portent aux Autrichiens. Quant à la voix de l'Europe, elle parlait si bien à coups de canon, en 1814, qu'il n'y avait pas moyen de se refuser à l'écouter!!

Voici, suivant moi, une traduction meilleure de cette pompeuse inscription latine.... Je la trouve dans une fable du bon La Fontaine :

Elle doit être à moi, dit-il, et la raison,
C'est que je m'appelle lion.

Malte est par les travaux de défense l'une des possessions les plus importantes des Anglais : *Lavalette*, la capitale de l'île, est entourée d'une triple enceinte qui la rend difficile à prendre. Avec Malte et Gibraltar l'Angleterre n'aura jamais rien à craindre dans la Méditerranée.... Ah ! si nous avions voulu lui céder également Alger ! Mais il faut qu'elle en fasse son deuil !

Je citerai, comme chose portant un cachet tout particulier, les carrosses impossibles et les chevaux fabuleux que l'on rencontre dans les rues. Combinez tout ce que le *hand-some* anglais (cab) a de disgracieux, avec ce que nos anciens coucous avaient de ridicule ; imaginez un cheval-fantôme, des harnais délabrés, et donnez la direction de cette machine à l'être le plus sale et le plus dégoûtant.... et vous n'aurez pas encore une idée exacte des voitures qui sont louées pour la *modique* somme de une livre sterling par jour !

Dans un couvent, situé près de Lavalette, on peut voir les corps hideux et desséchés de plusieurs moines momifiés, tels qu'on en trouve à Bordeaux dans la tour Saint-Michel et à Rome chez les capucins de la place Barberini. La propriété de conserver ces corps, exempts de dissolution, est attribuée au terrain sur lequel est construit le couvent et qui contient de fortes doses de salpêtre : de sorte qu'on obtient, en résultat, sinon par le même procédé, une dessiccation des corps, telle que *Chollet* l'obtient pour les légumes ; reste à savoir ce qui arriverait si, comme les légumes, on les traitait ensuite par l'eau bouillante !

Le capucin qui, pour cinquante centimes nous promenait de cage en cage, en nous montrant ces gentillesses, était un gros gaillard, gras et bien portant; il nous racontait l'histoire de ces braves moines avec une onction qui me touchait le cœur. Comme nous étions arrivés à la fin de la *galerie d'exhibitions*, je m'adressai à notre guide et lui montrant une case vide, à côté du dernier de ces monstres, je lui demandai si cette case ne lui était pas réservée? Il sourit en me répondant que cela pourrait bien arriver et je le félicitai d'une aussi flatteuse perspective, en lui promettant de venir le voir.... quand il serait emménagé.

Le soir nous avons été au théâtre : on jouait un opéra italien. Que vous dirai-je des acteurs? sinon que, connaissant leur public, ils ont chanté, comme on peut chanter devant des Anglais.... le peuple le moins musical de la terre. Je vous prie de croire que je n'avais pas attendu le second acte, pour effectuer ma retraite.... pour un homme, quelque peu accoutumé à l'opéra italien de Paris, la place n'était pas tenable? Je retournai au steam-boat, et le lendemain matin, à mon réveil, nous étions en pleine mer.

Je commençais enfin à m'amariner, expression pittoresque de la langue maritime, et après plusieurs essais gradués, j'en étais arrivé à pouvoir faire un dîner complet dans la salle à manger, et quand je débarquai à Alexandrie, j'avais déjà le *pied assez marin* pour espérer parvenir, avec encore un peu de pratique, à aller prendre, sans sourciller, mon café sur la vergue de Perroquet.

Nous étions en vue d'Alexandrie le 12 dans la matinée; malgré le mauvais temps, nous avions gagné en vitesse vingt et une heures sur un navire de la malle anglaise, *La Panthère*, réputé un des meilleurs marcheurs, et cela de Malte à Alexandrie : de Marseille à Malte nous avions déjà gagné douze heures sur sa marche. Ces résultats dispensent de faire l'éloge des navires de la compagnie maritime des Messageries impériales : les chiffres parlent d'eux-mêmes ! Si vous y ajoutez les avantages d'un service régulièrement accompli, d'une excellente table, aussi bien servie en mets de toute espèce qu'en vins des meilleurs crus, d'un état-major admirablement composé, plein de politesse et d'attentions pour les passagers, vous comprendrez sans peine pourquoi les Anglais, eux-mêmes, préfèrent nos paquebots aux leurs, et pourquoi, malgré la concurrence, la compagnie des Messageries impériales peut donner d'aussi beaux dividendes à ses heureux actionnaires.

A peine avions-nous aperçu la terre que déjà nous touchions au port d'Alexandrie. La plage est si plate et si unie qu'il faut être presque dessus pour la voir.... et encore ne voit-on qu'une innombrable quantité de moulins à vent, fauchant l'air de leurs immenses bras!

L'entrée du port est difficile, à cause des bas-fonds; il n'y a que deux passes praticables pour les gros navires, et le secours d'un pilote du pays est chose indispensable.

Nous n'étions pas encore amarrés que déjà une nuée de barques, bariolées de toutes les teintes de l'arc-en-ciel, nous entourait de toutes parts, et des gens de toutes les couleurs, depuis le café au lait très-clair, jusques au noir d'ébène, avaient pris d'assaut le navire et circulaient sur le pont, nous offrant leurs services dans un langage que j'aurais peut-être compris, si je n'avais su aucune langue, mais que je ne pouvais saisir tant il était un mélange de mots de toutes les nations. L'italien, l'anglais et le français formaient pourtant le fond de cette cacophonie.

J'eûs toutes les peines du monde à sauvegarder nos effets, et ce ne fut que grâce à un moulinet de coups de poings que je pus réussir à n'être pas dévalisé par tous ces serviteurs.... beaucoup trop serviables. J'avisai cependant un portefaix, aux épaules carrées, aux muscles d'acier, qui, en quelques instants empoigna nos bagages et les transporta dans la barque. Cinq minutes après nous descendions devant le bureau des passe-ports, sorte de grange à la porte de laquelle stationnait un Égyptien, emmailloté dans une capote militaire, comme un parapluie dans un fourreau trop large; il se mit péniblement en marche, dans ses souliers éculés, et nous conduisit auprès de deux individus qui nous demandèrent nos papiers; de ces deux personnages, l'un était gros et gras, l'autre maigre et fluet, l'un portait sur le visage le stigmate de l'imbécillité, l'autre semblait jouir d'un pâle rayon d'intelligence : celui-ci comprenait un peu le français, il prit notre passe-port, le lut, puis le passa à son compagnon, qui le prit à l'envers, l'examina à l'envers et le timbra à l'envers.

Du bureau des passe-ports il fallut aller à la douane : notre portefaix y avait conduit nos bagages, qui étaient déjà chargés sur une charrette qu'entourait une dizaine de prétendus douaniers. L'un d'eux, un peu plus sale que les autres, en sa qualité de chef, apparemment, s'avança vers notre *drogman*, espèce de va-nu-pieds que nous venions de prendre pour nous conduire à l'hôtel, et lui dit quelques mots à l'oreille. La traduction de ce colloque fut la demande d'une certaine somme, pour éviter l'ennui de voir ouvrir nos malles et souiller nos effets par le contact des mains sales de ces soi-disant agents de la douane égyptienne. Je tirai une pièce d'argent que je donnai au chef de la bande : il l'examina, dans tous les sens, la pesa dans la main, la fit sonner, en la jetant par terre, pour s'assurer qu'elle n'était pas fausse, la mordit, pour mieux s'en convaincre, et enfin finit par l'empocher, en murmurant *Taïb*. Je m'en croyais quitte, mais bientôt j'entendis, de tous les côtés les mots de *Bakchish!... Bakchish!...* et comme je regardais tous ces gens, d'un air assez effaré, le chef me touchant par le bras :

« Pardon, maître, me dit-il, mais c'est encore vingt sous.

— Comment, gredin, tu n'es pas content de ce que je t'ai donné?

— Pour ma part, Effendi, je suis très-satisfait.... mais les autres.... les autres.... si vous ne leur donnez rien, ils me dénonceront.

— Va-t'en à tous les diables! »

Il fallait en finir et, pour me débarrasser de ces mendiants patentés, je donnai quelque monnaie et je pus enfin prendre le chemin de l'hôtel *Abbat*, qui m'avait été particulièrement recommandé.

Ainsi donc j'avais à peine mis le pied sur la terre d'Orient que je connaissais déjà ce mot bakchish, qui correspond à notre *pourboire* français.... et à la *bonne main* italienne. Du reste, en Égypte, c'est le fond de la langue; l'Égypte a cela de commun avec l'Angleterre, c'est, permettez-moi ces néologismes, que, dans l'une il faut, sans cesse *bakçhish-cher*, comme dans l'autre, il faut *schilling-er*, c'est-à-dire avoir sans cesse l'argent à la main pour tout et partout !... en Égypte, comme à Londres, le seul mobile est l'intérêt.... aussi se moquent-ils beaucoup de nous qui obéissons encore à ces mots magiques : honneur et patrie !

Mais je m'arrête ici, car je ne veux pas vous parler d'Alexandrie avec des idées préconçues. Dans ma prochaine lettre, qui sera datée du Caire, je vous donnerai des détails sur mes premiers pas en Égypte.

LETTRE III.

Le Caire, 15 février.

Comme vous le voyez, cher ami, par la date de cette lettre, je n'ai séjourné que fort peu de temps à Alexandrie. Malgré la brièveté du séjour, j'aurais eu le temps de m'y ennuyer si je n'avais eu pour me distraire, l'étude, cette fidèle amie du voyageur.

Les curiosités de cette capitale de la Basse-Égypte sont si peu de chose, qu'une journée suffit amplement pour les visiter. Il faisait trop chaud pour courir les bazars, et m'étendant sur un divan, j'ai parcouru quelques-uns des livres que j'avais emportés, et j'ai pris une teinture de l'histoire d'un pays, intéressant à tous les points de vue, et fort peu connu jusqu'à présent.

Quand je suis parti, vous m'avez fait promettre de

vous écrire souvent et longuement « ne craignez pas, me dîtes-vous, de m'ennuyer : donnez-moi des détails sur l'Égypte actuelle et sur l'Égypte ancienne : raccordez vos souvenirs et inspirez-vous du pays que vous allez visiter, afin d'instruire les gens qui n'ont pas le bonheur de vous suivre : que ce voyage ne soit pas un voyage d'égoïste, et que vos amis puissent jouir aussi de ce que vous allez voir et apprendre : emportez des livres avec vous et puisez dans ces livres tout ce que vous croirez nécessaire à l'intérêt historique de ceux qui vous suivent d'un œil avide dans le cours de vos pérégrinations. »

Je me rends à votre désir, cher ami, heureux si je puis vous intéresser et vous payer ainsi la peine que vous avez bien voulu prendre, en m'initiant aux mystérieuses beautés des sciences mathématiques. Profitant du loisir que me laisse mon séjour à Alexandrie, je vais donc me lancer, à l'aide de mes livres, dans le rôle de pédagogue et former une petite gerbe de science que je vous invite à partager avec moi.

Je ne remonterai pas à l'origine de l'Égypte.... rassurez-vous, ou si j'y remonte, ce sera sous la conduite d'un guide sûr, la géographie de Malte-Brun, où dans quelques lignes se trouve retracé le tableau fidèle de l'Égypte ancienne.

« L'Égypte a rempli de son nom tous les siècles. Sous les Pharaons, elle était souvent l'heureuse rivale des plus grandes monarchies du monde, tant la stabilité de ses lois lui donnait de force. Envahie et dévastée par Cambyse, elle fut, pendant cent quatre-vingt-treize ans, tantôt sujette, tantôt vassale de la Perse, et souvent en rébellion ouverte. Les Grecs la soutenaient; aussi Alexandre le Grand y fut-il reçu comme un libérateur : peut-être avait-il le projet d'y établir le siége de son empire.

« Les Ptolémées, pendant trois siècles, firent fleurir, en Égypte, les arts et le commerce. Les villes devinrent toutes presque des colonies grecques. Auguste réunit à l'empire romain ce fertile royaume qui fut, pendant six cent soixante-six ans, le grenier de Rome et de Constantinople. Les successeurs de Mahomet en font une de leurs premières conquêtes. Vers l'année 887, succède au pouvoir des Kalifes, le règne des Turcomans, leurs janissaires, qu'ils avaient appelés auprès d'eux. Les dynasties des *Tolonèdes*, des *Sothimes*, des *Arjoubites* dominèrent en Égypte jusqu'en 1250.

« Les *mamelouks*, ou esclaves soldats des sultans turcomans d'Égypte, massacrèrent leurs maîtres et s'emparèrent de l'autorité. La dynastie turque, ou celle des *mamelouks battarels*, régna jusqu'en 1382. La race circassienne, ou celle des *mamelouks borojites*, a dominé en Égypte jusqu'à nos jours : car Selim II, empereur des Ottomans, après s'être emparé de l'Égypte, n'abolit que la monarchie de ces mamelouks; il laissa subsister l'aristocratie de leurs vingt-quatre beys, n'exigeant d'eux qu'un tribut. Depuis sa mort, les mamelouks s'étaient plus d'une fois affranchis de l'autorité des Ottomans.

« Les Français, en 1798, abolirent l'aristocratie des mamelouks et s'emparèrent de toute l'Égypte. On crut voir naître, dans ce beau pays, une grande colonie européenne. Quelle espérance pour les progrès de la civilisation! Combien les sciences, et la géographie surtout, ne durent-elles pas applaudir à ce noble projet! Mais des Iles-Britanniques et des rives du Gange et du Bosphore, l'on vit en même temps des hordes nombreuses fondre sur cette poignée de Français. Après des travaux inouïs, ils se retirèrent en 1800 : la barbarie ressaisit sa proie.

« Les Anglais espérèrent être plus heureux que leurs rivaux. Ils débarquèrent de nouveau en Égypte, le 17 mars 1807, dans l'intention de subjuguer le pays; mais le 14 septembre de la même année, ils furent forcés de se rembarquer. Dès ce moment l'Égypte devint le théâtre de la plus affreuse anarchie, les mamelouks, qui essayent de ressaisir leur ancienne autorité, et les pachas, envoyés par le gouvernement ottoman, se livrèrent de terribles combats, qui achevèrent de ruiner ce pays, épuisé par la conquête des Français et par les tentatives infructueuses des Anglais.

« Les mamelouks, affaiblis par les pertes que les

Français leur avaient fait éprouver, marchaient vers une ruine complète, en se divisant; les luttes de leurs deux principaux beys augmentaient la force de quelques milliers d'Albanais qui formaient le corps le plus aguerri de l'armée turque; à la suite d'une révolte, occasionnée par le défaut de solde, ces Albanais, commandés par Mehemet-Ali, déposèrent le vice-roi qui gouvernait au nom de la Porte, et conférèrent la vice-royauté à Mehemet-Ali qui, appuyé par les cheiks et chéri des populations, fut bientôt confirmé dans cette dignité par le gouvernement turc. Ce choix tombait sur un de ces hommes doués de cette fermeté de caractère et de ces grandes vues qui les rendent capables de gouverner les empires. Mehemet-Ali, par son adresse autant que par son énergie, sut acquérir un pouvoir que ses prédécesseurs avaient vainement tenté de saisir; et, pour éviter qu'à l'avenir il ne lui fût ravi par les mamelouks si justement redoutés, il employa un de ces terribles expédients dont l'Orient a été si souvent le théâtre, et qui d'ailleurs n'était que l'exécution du projet que la Porte avait depuis longtemps conçu. Le 1er mars 1811, sous le prétexte d'une fête, il fit rassembler dans son palais tous les mamelouks qui résidaient au Caire, et les fit impitoyablement massacrer. L'ordre fut donné en même temps de détruire tous ceux qui étaient répandus dans les provinces. Après s'être ainsi défait de cette milice turbulente, l'Égypte se trouva pacifiée. Le pacha porta ensuite la guerre en Arabie, contre les *Wahabis*, dont il avait projet d'affaiblir la puissance, et, à la fin de la guerre de 1819, ce peuple fut presque entièrement détruit. A peine cette expédition était-elle terminée, qu'il envoya son fils Ismaïl soumettre les peuples de la Nubie, du Dongola, du Sennâr et du Kordofan. Dans la terrible lutte des Grecs contre leurs oppresseurs, le pacha d'Égypte se montra le fidèle vassal de la Porte, en lui prêtant le secours de ses soldats et de ses flottes, et en exerçant sur les malheureux insurgés des cruautés que la différence des croyances religieuses ne pouvait autoriser. Mais, par les victoires de son fils Ibrahim et par ses conquêtes sur la Porte, en 1833, il a prouvé que l'empire ottoman n'était plus qu'un corps énervé et languissant que le moindre choc peut renverser. »

Mais qui vient m'interrompre dans mes intéressantes recherches, on frappe à ma porte....

« Entrez.... »

Je vous demande pardon, cher ami, mais on vient me prévenir que le dîner est servi.... et vous savez comme moi :

Qu'un dîner réchauffé ne valut jamais rien.

A demain donc la continuation de ma lettre....

LETTRE IV.

Le Caire, 16 février.

Au moment où je vous ai quitté hier, cher ami, « pour aller donner la pâture à la bête, » nous étions arrivés au règne de Mehemet-Ali.... je puis bien dire le règne, car bien que sujet.... de nom de la Sublime-Porte.... personne ne lui était moins subordonné.

Après sa mort, son œuvre fut continuée par son fils Ibrahim, homme animé des meilleures intentions, mais dominé par le goût du plaisir et usé avant l'âge.... Au lieu de progresser, la civilisation commençait à décroître.... Après lui vint Abbas-Pacha, qui sembla prendre un malin plaisir à détruire tout ce qu'avaient fait ses prédécesseurs, et congédia tous les Européens qui avaient apporté leurs talents en Égypte et doté le pays d'une foule d'institutions libérales. Nature sauvage, inculte, abrutie par les excès de toutes sortes, ce prince mourut assassiné dans un palais qu'il avait fait construire dans le désert. Saïd-Pacha lui a succédé, nous en parlerons plus tard. Je me propose de vous dire aujourd'hui ce que j'ai vu dans le petit coin de l'Égypte moderne que j'ai déjà visité.

Dès mon arrivée à Alexandrie, j'avais été m'installer à l'hôtel Abbat, dans lequel on est, ma foi, très-bien traité.... et à bon marché.... Ce qui n'est pas commun en Égypte.

M. Abbat est un Français qui a beaucoup d'égards pour ses compatriotes. Homme rond, de formes et de manières, il est poli sans servilité ; sa femme est aimable et de bon ton : ces recommandations auront toujours leur prix, surtout auprès d'un Français.

Pour arriver à la place où se trouve l'hôtel Abbat, il faut traverser toute la ville, qui me parut fort laide : aucun cachet particulier, des rues qui ne sont pas des rues, ou plutôt des cloaques infects dans lesquels circulent des ânes et des chameaux, roulent des véhicules de toute espèce, et grouille une population sale et déguenillée. L'alignement des maisons est ici chose totalement inconnue. Chacun bâtit comme il l'entend, et la fantaisie peut s'en donner à cœur joie.

Alexandrie ressemble à tout ce qu'on voudra, excepté à une ville, et surtout à une ville d'Orient, telle que je me l'étais représentée avant mon départ. Le costume du pays est une rare exception dans la ville; l'habit noir y domine. Depuis une trentaine d'années la population flottante a pris un accroissement considérable. Il fut une époque, avant le règne de Mehemet-Ali, où la population ne s'élevait pas à plus de six mille âmes.... elle s'accrut progressivement et montait, il y a trente ans, à quatre-vingt mille âmes, dont environ vingt mille de garnison et de marine. Aujourd'hui les Européens, Français, Anglais, Grecs et surtout Italiens, ont littéralement envahi la ville. D'après un recensement fait en 1848, la population totale, y compris les ouvriers, la garnison, etc., se montait à deux cent soixante-sept mille âmes environ. Grâce à l'influence européenne, les rues ont maintenant des noms pour les désigner, et quelques maisons s'offrent même le luxe d'un numéro.

Il n'y a pas de magasins à Alexandrie, il n'y a que des boutiques qui rivalisent de mauvais goût. Tout ce qui sort de nos maisons de confection, tout ce qui est rebut chez nos fournisseurs, tout ce que l'on comprend enfin sous le nom générique de pacotille, trouve un large débouché à Alexandrie : et quand je dis boutiques, je fais encore bien de l'honneur aux sales *bazars* dans lesquels se confondent, sans ordre et sans soins, les choses qui jurent le plus de se voir réunies. A côté de pots de pommade se trouvent des fruits confits, des toupies d'Allemagne fraternisent avec des règles à calculs, des saucissons de Lyon sont suspendus en guirlande au-dessus d'un assortiment complet de vêtements émanés des magasins de la *Belle Jardinière*. Du reste, le contenant répond au contenu, et le tout réuni est peu fait pour attirer le chaland. Dans ces échoppes, peintes en rose et en jaune et affectant, dans leur saleté, un certain air de prétention, le marchand parle toutes les langues, ou plutôt, permettez-moi le terme, il les baragouine toutes. Il vous hachera du français ou vous sifflera de l'anglais, suivant que vous avez l'œil éveillé, l'air franc et bon enfant, ou que, portant sur votre *facies* l'air froid, impertinent et glacial, il vous aura reconnu pour un joyeux fils de la France ou pour un rejeton de la race britannique : s'il y a doute, à ses yeux, il vous parlera un mauvais italien.

On fait, en ce moment, quelques tentatives pour assainir la ville, qui en a grand besoin, car jusqu'à ce jour les chiens seuls ont eu le monopole de l'enlèvement des immondices, et leur service est assez mal organisé. L'on ne peut faire dix pas sans se heurter contre la carcasse d'un âne ou la charogne d'un chameau. Un ingénieur français, M. Cordier, s'occupe de régulariser la place des Consuls, grand espace rectangulaire qui, jusqu'ici, n'était qu'une plaine de poussière ou un lac de boue, suivant les saisons. Grâce au bon goût de notre compatriote, cette place va devenir une promenade ombragée et ornée de fontaines aux eaux jaillisantes[1].

Notre première visite fut pour les obélisques, nommés *Aiguilles de Cléopatre :* l'un est renversé, il a été donné à la France par le pacha; l'autre, qui est encore debout, appartient aux Anglais. Ces obélisques, qui portent sur chaque face trois colonnes de caractères, paraissent avoir été érigés par le roi Mœris. Chacun d'eux est long de soixante pieds, sans compter le socle qui en a six à sept. Sur celui qui est debout on lit les noms de Toutmosis et de Rhamsès le Grand. On croit généralement que ces obélisques étaient autrefois à Héliopolis, d'où Cléopatre les fit transporter à Alexandrie, pour décorer l'entrée du temple de César, au temps de ses amours avec ce conquérant. Cet obélisque a été tellement détérioré par l'air salin de la mer que les Anglais ont dédaigné de l'enlever et l'ont abandonné à son malheureux sort. Une chose m'a cependant étonné, c'est de ne pas trouver auprès de l'obélisque un en-

1. L'inauguration de cette place et des eaux vives a eu lieu le 2 juillet 1860, en présence du vice-roi et d'une foule immense accourue pour assister à cette cérémonie. Jusqu'à ce jour, Alexandrie n'avait bu que les eaux des innombrables citernes qui datent de l'époque des Ptolémées. (Voir *l'Illustration* du 21 juillet 1860, numéro 908.)

fant d'Albion pour exiger des visiteurs le shilling traditionnel qui est la clef des plus infimes curiosités de Londres. Pour le moment, le monolythe n'a pour cerbère qu'un vieil Égyptien : quelques paras[1] suffisent pour le rassasier!

Après avoir jeté un coup d'œil sur cette masse granitique, nous nous sommes dirigés vers la colonne dite de Pompée, située hors de la porte méridionale. Pour y arriver on suit les bords du canal Mahmoudieh, plantés de fort beaux mimosas et bordés de *villas*, dont l'architecture ne nous paraît pas du goût le plus épuré.

Cette colonne, isolée, haute de plus de trente-deux mètres, y compris le chapiteau, ayant trois mètres de diamètre, et faite d'un seul morceau de syénite rose, domine la ville et les environs. C'est à tort qu'elle a été attribuée à Pompée : une inscription gravée sur la base apprend qu'elle fut élevée sur cette place, en l'honneur de l'empereur Dioclétien, par Pompéianus, gouverneur de l'Égypte. La colonne est chancelante et salie du nom et des plaisanteries d'une foule de commis voyageurs, plus ou moins facétieux; elle est entourée de toutes parts de huttes infectes, sortes de tanières, au fond desquelles végètent des fellahs,

1. Le *para* est une monnaie de cuivre de la valeur de 5 centimes environ.

dernier vestige d'une grandeur passée, reproche vivant pour ceux qui laissent croupir l'Égypte dans la décadence; cette colonne élève encore vers les cieux une tête altière!

Au sommet se trouve une plate-forme circulaire, assez grande pour supporter une statue, et je serais d'autant moins étonné de croire qu'il y en existait une autrefois qu'aux quatre coins du chapiteau on voit encore des crampons, probablement destinés à la maintenir. J'ai comme un vague souvenir d'avoir remarqué, dans certains dessins très-anciens, représentant Alexandrie et quelques-uns de ses monuments, une statue perchée en haut d'une colonne.... était-ce cette colonne? *that is the question.* Une tradition arabe veut que cette colonne ait fait autrefois partie de quatre autres, soutenant le dôme d'un temple quelconque; mais, en fait de traditions arabes, je ne vous conseillerai pas d'y avoir grande foi.

Ainsi donc, voilà tout ce qui reste de la grandeur d'Alexandrie, cette ville bâtie par Alexandre le Grand, cette capitale de son immense empire!

Encore une tradition et puis je vous tiens quitte d'Alexandrie; prenez-vous-en à vous-même si je suis si prolixe....

Protée, suivant Virgile et quelques autres auteurs, dieu de la mer et fils de Neptune et de l'Océan, roi de l'Égypte, suivant Hérodote et Diodore, passe pour avoir fixé son séjour en Égypte. Ce dieu ou ce roi, je vous laisse le choix, se transformait en toutes sortes de figures quand on voulait tirer de lui quelques lumières pour l'avenir.... Ah! cher ami, que de Protées n'avons-nous pas aujourd'hui, qui changent aussi souvent de figure que leur ancêtre, sans nous éclairer mieux que lui sur les secrets de l'avenir!

Notre journée s'est terminée par une promenade à travers les dunes, où nous avons admiré un magnifique coucher de soleil, puis nous sommes rentrés à l'hôtel faire les derniers préparatifs de notre départ pour le Caire, qui avait lieu le lendemain, sans aucune remise.

LETTRE V.

Le Caire, 21 février.

Mon cher ami, nous voici au Caire depuis quelques jours, je suis enfin quitte de nos préparatifs de départ pour remonter le Nil, et je puis causer avec vous et vous raconter les péripéties de notre voyage depuis Alexandrie. Rien de plus facile que le trajet : un chemin de fer, régi par une compagnie anglaise, relie ces deux points.... mais quel chemin de fer! ou plutôt quelle administration! Mêlez toute l'indifférence des employés anglais pour les voyageurs à la malpropreté et à l'incurie des Orientaux, et vous aurez à peine une idée du tohubohu qui existe dans les gares d'Alexandrie et du Caire! première tribulation.... Attendre indéfiniment pour obtenir son billet, puis se rendre compte de la monnaie que l'on vous a donnée. Vous payez, en argent, ou plutôt en or français ou anglais, car nos pièces d'argent n'ont pas cours, et l'on vous rend une macédoine de monnaies de toute espèce.... des florins autrichiens, des piastres égyptiennes, des talaris, des paras, des sequins, etc., etc., tout cela est posé devant vous en tas, et maintenant débrouillez vos lignes et vérifiez votre compte, si vous le pouvez. Du reste, ce n'est pas là comme dans nos chemins de fer, où tout semble devoir marcher à la vapeur, machines et public. En Égypte personne n'est pressé, et les natifs restent quelquefois un quart d'heure devant le bureau à faire tranquillement leurs calculs,... tant pis pour ceux qui attendent, le buraliste n'est pas pressé non plus.

Je vous suppose enfin en possession de votre billet, édifié, tant bien que mal, sur la monnaie qui vous a été rendue.... vient l'enregistrement des bagages. Ici la chose devient moins plaisante. Comment reconnaître les agents de la compagnie au milieu de tous les va-nu-pieds qui vous entourent; chacun tire à soi l'un de vos paquets, et pour peu que vous en ayez une douzaine, vous risquez fort d'en égarer la moitié.... il est vrai de dire qu'ils ne seront pas perdus pour tout le monde.... c'est une consolation. Enfin, grâce à quelques bakchishs et à force coups de canne, l'ordre se rétablit et vous finissez par obtenir le pesage et l'enregistrement de vos effets. Tout est bien terminé, l'heure réglementaire a sonné, et vous vous figurez que vous allez enfin partir.... profonde erreur! l'exactitude, cette politesse des rois.... et des chemins de fer.... est ici totalement inconnue. Dans cette paternelle administration, on part, non pas quand l'heure a sonné, mais quand on trouve que le voyageur est assez nombreux pour que le *train* se mette en route.... et l'on attend très-bien la pratique pendant une heure ou deux; puis il y a les retards.... de convenance: par exemple, si un pacha ou quelque gros bonnet du pays doit partir par le train, les salles d'attente seraient-elles pleines à regorger, on se garderait bien de donner le signal du départ, il faut que Son Excellence soit arrivée! M. Eugène Poitou, un charmant conteur sur l'Égypte, raconte que s'étant adressé à un Égyptien portant le tarbouch à plaque de cuivre, signe distinctif du fonctionnaire de l'État, et lui ayant demandé pourquoi l'on ne partait pas, quoique l'heure du départ fût passée depuis longtemps. « Écoutez, mon cher ami, lui répondit gracieusement le fonctionnaire, on partira.... quand on sera prêt! » Voulez-vous un autre trait: Le train est en marche.... tout à coup il s'arrête.... Serait-il arrivé un accident? la voie est-elle embarrassée? rien de tout cela. Un chien s'est échappé de la cabine où il était renfermé, il s'enfuit à travers champs, deux Arabes courent après, il faut le rattraper à tout prix.... Il s'agit bien des voyageurs, on repartira.... quand on sera prêt.... comme dit l'Égyptien. Les wagons ne sont pas très-propres, mais avec la poussière dévorante de ce pays, comment exiger une minutieuse propreté; somme toute, les voitures sont assez confortables.

Vous devez bien penser que les femmes ne voyagent pas avec les hommes : on les parque, comme des moutons, dans des wagons de troisième classe fermés avec des volets de bois : si bien fermés qu'ils fussent, j'ai pu, à une station, jeter dans l'intérieur un coup d'œil indiscret, et j'ai vu des figures ravissantes! Une jeune mère, entre autres, qui allaitait son enfant, laissait apercevoir un sein blanc comme l'ivoire et des yeux noirs comme l'ébène.

Sept, huit, neuf heures même, suivant le caprice du mécanicien, sont employées pour le trajet d'Alexandrie au Caire, distance d'environ cent soixante-quatre kilomètres que le plus lent de nos chemins de fer ne mettrait pas plus de quatre heures à parcourir.

Jusqu'à ce jour les machines sont restées sous la direction de mécaniciens anglais, et l'on peut se risquer à faire le trajet, mais le jour où les Égyptiens auront la prétention de faire leurs affaires par eux-mêmes, alors ce sera chose prudente que de faire son testament avant de monter dans un wagon. Déjà le gouvernement s'est immiscé dans l'administration de la compagnie et vous avez pu voir, par mon récit antérieur, comme il s'en tire.... Dieu veille sur les voyageurs! si l'Égyptien conduit jamais les machines.

Plus on voit ce peuple, plus on met en doute qu'il puisse jamais être régénéré. Je ne suis en Égypte que depuis bien peu de temps, et déjà je commence à reconnaître la justesse des raisonnements que me faisait un de mes amis, avant mon départ de Paris. Il avait voyagé en Égypte, et voulait bien me communiquer ses impressions. « Dès que vous aurez mis le pied sur cette terre, me disait-il, dès que vous aurez vécu quelques jours au milieu de ce triste peuple, vous serez parfaitement convaincu de cette vérité : Que tous les gens qui vous entourent ne valent pas mieux que des chiens, ils doivent être traités comme tels, que vous leur êtes infiniment supérieur à tous égards et que le vice-roi lui-même serait tout au plus bon à cirer vos bottes. » L'opinion peut paraître un peu hardie. Et quant au vice-roi je ne l'ai pas encore vu et ne puis formuler mon jugement à son égard, mais quant aux échantillons de ses sujets que j'ai pu voir jusqu'à présent, ils m'ont confirmé, en tous points, dans l'idée émise par mon compatriote.

Dans le trajet d'Alexandrie au Caire.... dix minutes d'arrêt.... c'est-à-dire autant qu'il plaît au machiniste, à un buffet, fort bien servi, mais diablement cher !

Au Caire, je suis logé place El-Esbequieh, à l'hôtel d'Orient, tenu par un certain M. Coulomb, fort obligeant de sa nature, mais un peu négligent dans son service. C'est néanmoins à cet hôtel que je vous conseillerais de descendre, si jamais la fantaisie vous prenait de venir au Caire, attendu que c'est encore, je ne dirai pas le meilleur, mais le moins mauvais de la ville. Pour douze francs, par jour, on y est nourri et logé, à moitié bien.... Quant au service, il est fait par des gens du pays, c'est tout dire, il n'est pas même à moitié fait.

La place El-Esbequieh, sur laquelle donnent les fenêtres de ma chambre, est un grand square planté d'arbres : des mimosas nilauticas, des gommiers bordent une large avenue circulant tout autour, rendez-vous de la fashion du pays. Cette fashion se compose des principaux Européens établis au Caire, commerçants ou boutiquiers, grands seigneurs en ce pays, pauvres hères en Europe. On y rencontre aussi le touriste anglais, au costume impossible et au chapeau mirobolant ; le Français s'y fait remarquer par le sourire moqueur qui erre sur ses lèvres et le sans-façon avec lequel il dévisage les femmes. On reconnaît l'Américain à son verbe élevé, à son sans-gêne de mauvais ton, à son incessante émission de salive et au regard bienveillant qu'il adresse à ses bons amis les Anglais; l'Italien promène amoureusement autour de lui un œil chargé de langueurs, tandis que l'Égyptien, affaissé sur lui-même, comme un gros potiron, regarde passer la foule d'un œil éteint et hébété.

La place est garnie de cafés qui ont fort peu de rapport avec les élégants *palais de l'eau chaude* qui bordent nos boulevards de Paris. Ce sont tout uniment des baraques en planches : dans un coin, et sur un petit fourneau, chante une grande bouilloire d'eau chaude qui, versée tout à l'heure sur une poudre impalpable, dans une tasse microscopique, vous fournira ce nectar qu'on appelle le *café à la turque*. Dans un autre coin, dans des baquets placés sur une planche chancelante, un soi-disant garçon de café égyptien se lave les mains dans des verres, sous prétexte de les rincer. Mais voici l'*araki*[1], cette liqueur d'Orient dont l'enivrant arome porte le trouble dans les sens : sa couleur d'opale réjouit le cœur en ravissant les yeux; breuvage salutaire pris à dose modérée, l'araki devient un poison mortel si l'on en abuse. Au reste, toutes les liqueurs produisent cet effet dans les pays chauds, et l'Européen doit bien se garder de se laisser aller à l'ivresse délicieuse qu'elles procurent. De tous côtés on appelle le garçon, qui ne s'en remue pas plus vite : l'un

1. Espèce d'anisette huileuse, très-alcoolique et parfaitement malfaisante.

veut une glace, l'autre un sorbet, l'autre une limonade, et les demandes sont faites dans tous les idiomes du globe.

A cette confusion des langues, on se croirait dans la tour de Babel; mais ce vacarme est encore dominé par la cacophonie la plus épouvantable, c'est-à-dire par les sons de la musique d'un régiment égyptien. « Quels sont ces airs, ces accords qui renversent toutes les idées que j'ai eues jusqu'ici pour les lois de l'harmonie, quelle musique enfin exécutent ces sauvages musiciens? »

A ces réflexions qui m'échappaient malgré moi, un peu haut, un voisin répondit: « Vous êtes difficile; c'est bel et bien de la musique de Mozart.

— De Mozart! m'écriai-je; vous voulez plaisanter?

— Je parle sérieusement; seulement c'est du Mozart exécuté par un orchestre égyptien! »

Vous rappelez-vous la définition de la musique, dans le *Bourgeois gentilhomme* :

« Il n'y a rien qui soit si utile dans un État que la musique;—sans la musique un État ne peut subsister;—tous les désordres, toutes les guerres qu'on voit dans le monde n'arrivent que pour n'apprendre pas la musique. »

Eh bien! quand on a entendu l'orchestre égyptien de la place El-Esbequieh, on se demande comment l'Égypte peut subsister encore. Du reste, la manière dont elle est gouvernée pourra donner raison à Molière.

C'est sur la place El-Esbequieh que l'on vient s'installer sur des chaises et sur des bancs, comme on dit, pour tuer le temps. L'Européen roule une cigarette ou fume un cigare, en gesticulant et en parlant très-haut; l'indigène fume le *chibouk*, le *narguileh* ou le *houka* tranquillement, sans bruit, en homme convaincu de l'importance de son occupation. Les petites tasses de café circulent à la ronde; des enfants déguenillés sollicitent le bakchish; des marchands ambulants harcèlent le public; celui-ci offre des dattes et des amandes, cet autre des armes damasquinées, arrivant, affirme-t-il, en ligne droite de Beyrouth ou de Damas, mais qui réellement ne sont que des rebuts de nos manufactures d'Europe; une belle enfant aux yeux noirs et brillants, aux formes grêles encore, mais qui promettent, vous tend la main en souriant et vient attacher une fleur à votre boutonnière aussi gracieusement que pourrait le faire la célèbre Isabelle[1], la bouquetière patentée du Jockey-Club de Paris. Voici un musicien ambulant, armé d'un in-

1. Le Jockey-Club, à qui Mlle Isabelle réserve exclusivement ses œillets et ses roses, vient de décider que sa bouquetière brevetée porterait désormais un costume Louis XV, avec pompon, petit chapeau: la houlette seule manque.

(*Monde illustré*, numéro 183.)

strument d'une forme bizarre : donnez-lui vite quelques paras avant qu'il n'ait préludé, si vous ne tenez pas à avoir les oreilles cruellement écorchées.... Mais chut! parlons bas! Voyez ces femmes aux toilettes excentriques, des plumes au chapeau et des fleurs au corsage; elles ont le verbe haut et répondent par de gracieux sourires aux sourires qui leur sont adressés. Reines ici, elles n'ont peut-être pas toujours trôné ailleurs; mais jetons sur ce tableau un voile pudique et mystérieux!

Sur la place El-Esbekieh tout respire la gaieté, et l'on passe agréablement une heure, chaque jour, à voir tout ce monde qui s'agite autour de vous, et à tirer, par induction, la connaissance de l'*état social* de chacun.

Tout autour de la place règne une promenade charmante et dont la verdure réjouit l'œil; c'est plus qu'un jardin, moins qu'un parc: de charmants bosquets de mimosas, des citronniers, des orangers aux fleurs enivrantes, répandent dans l'air un parfum qui ne tarde pas à porter à la tête. Soyez discret et craignez de troubler quelque couple amoureux; inutile précaution : ici l'amour n'a pas de statues, et ce séjour qui porte dans nos sens une délicieuse ivresse, reste sans pouvoir sur les sens énervés d'une nation dégénérée ; dans ces bosquets dignes de la mère des amours, vous ne rencontrez que des enfants qui dérobent des fleurs, ou quelque troupeau de femmes soigneusement voilées, sous la conduite d'une matrone hors d'âge ou d'un homme qui a perdu le droit de porter ce nom.

Pauvres esclaves achetées au marché comme du bétail, jouets d'hommes qui les regardent comme bien au-dessous d'eux, ces femmes, dont l'imagination est éteinte, vous regardent en passant d'un grand œil étonné, et s'éloignent sans même avoir compris le regard enflammé que vous avez jeté sur elles. Ce spectacle est profondément triste!

« Voyons, quittons la place et prenons une voiture pour aller visiter la ville, me dit mon compagnon, trop disposé à reprendre les habitudes européennes.

— Une voiture, répondis-je, une voiture.... non pas; il nous faut plutôt enfourcher bravement la monture du pays, ces ânes dont la réputation a traversé le monde entier. »

L'avis fut adopté et nous nous dirigeons vers notre hôtel, devant lequel stationnent en permanence les âniers et leurs bêtes. Notre désir était à peine connu, ou plutôt deviné, que la troupe se met en branle : bêtes et gens, criant, gesticulant, frappant, sans dire gare, et sur leurs ânes et sur leurs voisins, et hurlant à tue-tête et dans tous les idiomes : « Bon baudet, monsu! Good donkey, milord! Taib! taib! » En un moment nous sommes entourés, tiraillés par les bras et par les jambes; un pan de mon habit reste dans les mains de l'un, tandis qu'un autre, d'un geste maladroit, renverse mon chapeau. Je m'élance furieux et fais le moulinet de ma canne, et je parviens enfin à faire rentrer dans l'ordre cette foule turbulente. Non loin de moi j'avisai un gaillard qui se frottait les reins en faisant une piteuse grimace ; pour le dédommager je pris son âne.

« Qu'as-tu donc? lui demandai-je en riant.

— Oh! rien, maître, dit-il d'un air gracieux; seulement Votre Excellence a le bras lourd; bien touché! »

Et il se mit à courir derrière mon âne qu'il excitait de ses cris et encourageait de temps à autre à l'aide d'un petit bâton pointu dont il le chatouillait.... aux antipodes de la tête.

Les ânes du Caire sont excellents, c'est chose incontestable; mais quand on n'a pas l'habitude de cette monture, il faut, pour s'y maintenir en équilibre, se livrer à une gymnastique des plus fatigantes. Les selles, du reste très-confortables, diffèrent essentiellement des selles européennes; elles sont plates et très-épaisses, et vous élèvent ainsi d'un pied au-dessus de votre monture; heureusement qu'en avant de la selle se trouve un énorme pommeau, et je vous jure qu'on est bien heureux de le rencontrer, pour se retenir, quand l'animal se livre à des accès d'une gaieté trop vive, ou qu'un avis trop *piquant* de son conducteur excite son courroux et lui fait par trop violemment lever les pieds de derrière. Le harnais entier est en cuir rouge, ce qui produit le plus gracieux effet ; quelques brides sont en soie, et le luxe est poussé jusqu'à les orner d'effilés d'or ; l'étrier est chose à peu près inconnue.

Si on laissait les ânes cheminer à leur gré, ils marcheraient à un trot raisonnable ; malheureusement les âniers ont la rage de les exciter, et alors ils partent au galop, leur pied devient moins sûr et il arrive infailliblement qu'à un moment donné, monture et cavalier tombent dans les bras l'un de l'autre et roulent dans la poussière. Ce spectacle qui chez nous ferait les délices des badauds et ameuterait les passants, n'a pas même ici le privilége d'attirer l'attention, tant il est commun ; on se ramasse comme on peut, homme et bête se remettent sur leurs pieds, et l'on reprend sa route comme si rien n'était arrivé. Je ne jurerais pas pourtant que la chute ne fût pas due aux âniers qui prennent un malin plaisir à tâcher de vous faire choir, ne serait-ce que pour se venger des taloches qu'on leur distribue par trop généreusement. Je trouvai un moyen ingénieux de parer aux traîtreux desseins de la race guide-âne. Ce fut d'acheter une *courbache*, espèce de cravache en peau d'hippopotame et badine habituelle des habitants du pays : chaque fois que mon ânier daubait sur mon âne, malgré mes protestations énergiques, je daubais sur lui-même, à coups de courbache, et cette correction apaisait son ardeur. Je recommande le moyen à ceux qui viendront au Caire après moi. Il m'a parfaitement réussi.

Les rues, proprement dites, sont rares au Caire, mais en revanche les ruelles y sont nombreuses. En quittant la place El-Esbekieh, on passe devant le palais consulaire de France, puis, par un double coude, on arrive dans la rue Franque, le *Mousky*, la seule belle rue de la ville. Cette rue est assez large pour que deux voitures puissent s'y croiser, sans trop s'accrocher, elle est longue et à peu près droite. De trottoirs, il n'en faut pas parler, et de pavés, on ne les connaît même pas de nom. Le sol est un amas de poussière qui, grâce à un arrosage perpétuel, se change en une boue liquide dans laquelle vous enfoncez mollement.

Les maisons sont toutes bâties à un seul étage : des poutres, jetées d'un toit à l'autre, des deux côtés de la rue, supportent des nattes, en palmier, ou des lambeaux de toile, qui protégent la rue contre les ardeurs du soleil et y font régner une fraîcheur délicieuse.

La circulation est énorme dans cette rue : il n'existe, ni à Paris, ni à Londres, un espace aussi resserré, où il circule autant de monde ; de ma vie je n'ai vu spectacle plus gai, plus animé, plus pittoresque ; de chaque côté sont des boutiques tenues par des Européens, en général par des Français ou des Italiens : là se trouvent pêle-mêle marchands de cigares et perruquiers, modistes et marchands de conserves, horlogers et marchands de joujoux, cordonniers et marchands de fruits confits, tailleurs et fabricants de faux toupets.... on y trouve enfin toute chose jusqu'à des clysoirs.... que l'Égyptien prend gravement pour des tuyaux de narguileh ! Là, chacun fait tranquillement ses affaires, assis sur une chaise au devant de sa boutique, les bras croisés et fumant, qui son cigare et qui sa pipe turque. Au milieu de la rue circulent des chameaux au long cou qui vous regardent du haut de leur grandeur : ils marchent lentement, à la file les uns des autres, grognant et ruminant, comme des pédagogues en colère. Leur chargement, de balles de coton ou de pierres, mal attaché par des cordes pourries, menace le passant. Quelques-uns portent, fixées de chaque côté du bât, deux grandes outres, pleines d'eau, qui bavent de toutes parts et arrosent le public d'une manière fort désagréable.. Mais, gare à vous, un coureur, armé de sa baguette, vous repousse vivement : place!... place! aux voitures qui, sans se soucier de la foule, marchent toujours grand train. Aussi le coureur est-il indispensable pour faire ranger le monde et prévenir les accidents. Dans ces voitures trônent de gros pachas ou quelques femmes de harem, se rendant au bain, ou faisant des visites. Les cris de *ouhah* (gare) retentissent de tous côtés ! Des portefaix, ruisselants de sueur et chargés comme des bêtes de somme, des âniers, bousculant tout le monde et frappant sur le peuple, quand il ne se dérange pas, des soldats à cheval, avec leurs housses dorées et leurs pistolets à montures d'argent, des boiteux, des étiques et des paralytiques, unissant leurs gémissements aux plaintes des aveugles, enfin des enfants qui vous passent dans les jambes, voilà le spectacle que, du matin au soir, offre la rue du Mousky : les chiens, vautrés au milieu de la rue, sont les seuls êtres qu'on respecte et qu'on ne dérange pas. Là on peut voir aussi le beau sexe du pays en la personne de femmes qui, la figure voilée, chaussées de babouches jaunes, enveloppées dans une mante noire, cheminent accroupies sur des ânes et se garantissent du soleil avec des ombrelles européennes ; puis vient la populace, marchant pieds nus au milieu de la boue, puis la tribu des fonctionnaires chargés de l'arrosage : une peau de bouc sur le dos, ils vous inondent les jambes, sous prétexte d'abattre la poussière : rangez-vous, voici venir des charrettes, lentement traînées par des bœufs : l'essieu crie, les roues grincent et ce bruit vous rappelle l'orchestre égyptien : des marchands d'allumettes viennent, d'autorité, vous imposer leur marchandise et la fourrent dans vos poches, au risque de vous incendier; des Arabes vous offrent des pastèques : des drogmans et des domestiques vous arrêtent pour déployer à vos yeux leurs certificats d'intelligence et de probité.... défiez-vous de ceux-là.... et veillez sur vos poches! des soldats traînent dans la boue leurs uniformes en lambeaux.... et tout cela marche, tout cela crie, tout cela gesticule, vous pousse, vous coudoie! Je dois cependant rendre justice au peuple, il est plein de respect pour le voyageur européen, son costume seul lui donne le pas sur les natifs et chacun se dérange pour le laisser passer.

Au bout de cette rue Franque, que nous venons de parcourir, se trouve le quartier musulman : l'aspect en est bien autrement bizarre et curieux : figurez-vous une suite de ruelles, enchevêtrées les unes dans les autres, sans aucune règle, sans aucune symétrie : dans la plupart de ces étroits passages la circulation serait impossible aux voitures : deux ânes chargés de ballots, peuvent à peine passer de front; à chaque instant les jambes s'emmanchent dans celles de quelque musulman à la bedaine proéminente, qui vacille sur sa monture, comme un poussah de caoutchouc et poursuit gravement sa route en égrenant un sale chapelet.

Dans ce quartier, les boutiques n'ont rien de commun avec celles de la rue du Mousky : elles se ressemblent toutes et portent un cachet assez original;

je vous en ferai plus tard la description quand je vous parlerai des achats que j'ai faits au Caire.

Je m'aperçois que je n'ai que juste le temps de m'habiller pour aller rendre visite à Linan-Bey, un Français fixé en Égypte, et qui est le bras droit du vice-roi. Avant mon départ de Paris j'ai pu me procurer une lettre d'introduction près de ce haut fonctionnaire : je la lui ai fait parvenir, en annonçant mon arrivée ; je cours faire ma visite et je reviens causer avec vous.

LETTRE VI.

(FAISANT SUITE A LA LETTRE V.)

Le Caire, 21 février.

Je viens de voir Linan-Bey, cher ami, et j'ai hâte de vous communiquer mes impressions et de vous dire combien l'accueil de cet excellent homme m'a touché et m'a rempli de reconnaissance.

Vous vous figurerez sans peine l'embarras où se trouve un jeune homme débarquant en Égypte, sans aucune idée du pays qu'il vient visiter, sans relations, sans amis, enfin livré entièrement à lui-même : eh bien ! il est une porte au Caire à laquelle il peut frapper hardiment, avec la certitude que le titre de Français la lui fera ouvrir à deux battants, c'est celle de Linan-Bey, et dans cette maison il trouvera un homme dont l'obligeance et la bonté sont devenues proverbiales en Égypte.

Je n'avais, auprès de Linan-Bey, d'autre recommandation qu'un billet d'un ami, lui rappelant l'accueil bienveillant qu'il en avait reçu, il y a trois ans, dans un voyage d'agrément. Ce souvenir fut suffisant pour m'assurer le même accueil.

Linan-Bey, né en France, peut avoir de cinquante à cinquante-cinq ans. Depuis près de trente ans il est au service de l'Égypte : par son mérite supérieur, par une probité bien rare parmi l'entourage du vice-roi, il a su s'attirer l'estime de tout le pays et le respect le plus profond de ses subordonnés. Il occupe le poste de premier ministre : c'est, comme je vous l'ai déjà dit, le bras droit du vice-roi. Mais le pacha veut trop souvent en faire à sa tête, et, pour le malheur de l'Égypte, il néglige son bras droit pour se servir de son bras gauche. Or ce bras gauche est guidé par le plus déplorable assemblage d'étrangers de toutes les nations, d'aventuriers de toute espèce, qui exploitent honteusement les fantaisies et les caprices absurdes du prince, pour en obtenir les plus hautes positions et s'enrichir à ses dépens. Du reste on doit rendre à Saïd-Pacha cette justice qu'il sait à quoi s'en tenir sur le compte de tous ceux qui l'approchent ; aussi, en plein conseil ne se gêne-t-il pas pour dire à Linan-Bey, à Kœnig-Bey et à quelques autres, dont la probité fait tache au milieu de tous ces voleurs :

« Venez près de moi, mes bons amis, mes fidèles

serviteurs, vous qui seuls prenez mes intérêts. Quant à ça, dit-il en désignant les autres d'un air méprisant, ce n'est que de la canaille ! »

Et il indique de la main la foule des courtisans qui, rangés en demi-cercle devant lui, baissent humblement la tête, sourient du bout des lèvres, et avalent la pilule, sans mot dire. Je prévois votre question, s'il les connaît si bien, pourquoi les garde-t-il ? hélas! cher ami, parce qu'avant tout le pacha est homme et Égyptien, et que ceux qui flattent ses passions et favorisent ses vices lui sont trop utiles pour qu'il s'en sépare : sans savoir le latin, Saïd met en pratique la grande vérité contenue dans ces vers d'Horace :

Video meliora, proboque,
Deteriora sequor....

Après s'être gracieusement informé des nouvelles de l'ami dont je lui avais remis une lettre, Linan-Bey nous présenta ses deux fils, charmants jeunes gens, âgés, l'un de vingt-trois et l'autre de vingt-cinq ans. On servit le café, on apporta des cigares, et la conversation s'établit entre nous et fut suivie d'offres de services faites avec cette rondeur et cette bonhomie qui vous mettent tout de suite à votre aise, et d'une visite de cérémonie, que vous redoutiez à l'avance, font une visite d'amitié que vous brûlez de renouveler ; vous trembliez presque, en arrivant ; sans la crainte de paraître importun, vous ne quitteriez pas la maison.

Linan-Bey voulut bien nous donner les renseignements les plus utiles; je ne sais si je vous ai dit que mon compagnon de voyage m'avait suivi chez Linan-Bey; ses fils se mirent à notre disposition pour nous faire visiter tout ce qu'il y avait à voir, et surtout pour nous guider dans nos achats et nous épargner le désagrément d'être à la fois volés et par notre drogman et par les marchands. Enfin, poussant l'obligeance au delà de ce que nous pouvions espérer, le plus jeune des deux fils, Auguste, et qu'il en reçoive ici de nouveau tous nos remercîments, voulut bien se charger de dresser le contrat à passer entre nous et le patron de notre barque, et ce contrat est chose grave, car il doit tout prévoir et tout bien stipuler avec des gens tels que les indigènes, toujours portés à abuser de la bonne foi des étrangers. Vous trouverez plus loin copie de ce contrat, afin que si quelque jour la fantaisie vous prend de remonter le Nil, ce dont je ne désespère pas, vous trouviez, bien préparés, les voies et moyens de le faire, et alors vous bénirez l'ami qui vous les aura procurés!

Vous savez que le but principal de mon voyage était de remonter le Nil jusqu'à la deuxième cataracte; ce voyage exige en général de soixante à quatre-vingts jours, suivant la hauteur des eaux et la direction des vents. Il fallait donc faire choix d'une solide barque et nous munir de toutes choses utiles et agréables pour charmer nos loisirs, pendant un aussi long séjour à bord de cette maison flottante. La saison était déjà fort avancée, et les eaux du Nil baissant de jour en jour, notre choix devait se porter sur une embarcation tirant assez peu d'eau pour défier les bancs de sable, et assez légère pour remonter la première cataracte.

Tout près du Caire se trouve un petit village nommé Boulak, dans lequel sont toujours amarrées une grande quantité de *canges*, c'est le nom sous lequel on désigne les bateaux de plaisance qu'emploient les Européens pour remonter le Nil. Le choix était fort restreint, car presque toutes les canges étaient en route : les unes remontaient encore le Nil, les autres le redescendaient, il ne restait à peu près que le rebut ; nous finîmes cependant par en trouver une assez confortable pour deux personnes seules. Elle se compose d'un salon avec sofas de chaque côté, nous y prendrons nos repas ; de deux chambres à coucher, d'un divan à l'arrière, d'une salle de bain et d'un W. C. tels sont nos appartements. L'arrière est surmonté d'un rouf garni de banquettes, nous irons y fumer le soir et admirer ces magnifiques couchers de soleil, dont nous avons déjà eu quelques échantillons. Sur le rouf sont aussi disposées des cages destinées à renfermer les poulets, les dindons et les pigeons qui seront servis sur notre table pendant le voyage;

une tente est dressée de manière à nous garantir de l'ardeur du soleil; à l'avant de la cange est une petite cantine munie de fourneaux, c'est là que se fera notre cuisine; la voilure se compose de deux voiles triangulaires, l'une est énorme et s'envergue à l'avant, l'autre, plus petite, est à l'arrière. L'équipage se compose du *reiss*, ou patron, d'un pilote et de huit rameurs. Notre service particulier est dirigé par notre drogman qui a un domestique sous ses ordres, enfin un homme du pays remplit l'office de cuisinier.

Le *reiss*, qui a bien la mine du plus rusé coquin que j'aie jamais rencontré, se nomme Hammed-Mustapha : il est Égyptien. Ses yeux gris, son nez épaté, sa mâchoire osseuse, ses dents blanches et une barbe clair-semée, d'un jaune roux, composent un ensemble dans lequel la ruse, la fausseté et la méchanceté semblent se disputer le pas. Après nous avoir montré le navire, il se courbe humblement devant nous et nous baise les mains, à plusieurs reprises. Nous l'emmenons à l'hôtel, il a bien soin d'ôter ses babouches en entrant dans notre chambre, et se tient respectueusement debout pendant que, sous la dictée d'Auguste Linan, j'écris les conditions du contrat.

Voici textuellement ce contrat tel qu'il fut conclu et signé, après trois heures de débats interminables et de discussions de toutes sortes. A chaque condition qui lui était imposée, notre coquin de *reiss* se rebiffait, criait suppliait, pleurait même, pour nous attendrir, répétait que nous voulions le ruiner et qu'il y mettrait du sien ; ce qui n'empêcha pas que, le marché une fois conclu, il se montra fort satisfait et nous baisa les mains avec des transports de joie[1].

Voilà, mon cher ami, le contrat tel qu'il a été passé et tel que je vous engage à le stipuler, si jamais vous venez dans ce pays. On ne saurait trop prendre de précautions avec ces gens-là, et tous les voyageurs qui ont remonté le Nil s'accordent à dire que, malgré les conditions ainsi arrêtées à l'avance, on est bien heureux si l'on obtient l'exécution de la moitié. Que serait-ce donc s'il n'y en avait pas du tout ?

Puisque nous en sommes aux contrats, je vais vous donner aussi celui que nous avons fait avec le drogman, qui nous servira à la fois d'interprète et de maître d'hôtel, attendu que c'est lui qui est chargé de nous nourrir[2].

Ali est un jeune homme de vingt-cinq ans, grand, vif et bien découplé ; il n'est pas Égyptien et s'en fait gloire ; sa couleur, d'un noir palissandre bien verni, dénote son origine nubienne ; il a l'air intelligent et sa figure nous a séduits de suite. Sans être

1. Pour ne pas couper l'intérêt du récit, si intérêt il y a, on a renvoyé à la fin du volume quelques documents qui se rattachent au voyage. (Voy. aux Annexes.)

2. Voy. aux Annexes.

positivement joli garçon, il peut passer pour un bel homme : une fine moustache noire et frisée, une petite touffe de barbe au menton, comme nos chasseurs d'Afrique, lui donnent un certain air dégourdi qui ne lui va pas mal. Très-coquet de sa personne, il est toujours vêtu de drap fin et de soie ; son costume est, ma foi, bien plus élégant que le nôtre ! Au reste, cette recherche dans ses vêtements, cette propreté de bon augure nous font bien présager de son service ; d'ailleurs il nous a été présenté par Linan-Bey, et nous l'avons accepté les yeux fermés.

En voilà déjà bien long, cher ami, sur les préparatifs de départ, et je m'aperçois que je n'ai pas encore abordé le sujet des curiosités que nous avons visitées au Caire et dans ses environs. Je vais procéder par ordre et vous donner l'emploi de notre temps depuis notre arrivée :

(15 février). Visite à Linan-Bey, qui nous donne rendez-vous dans la journée à la citadelle ; nous fûmes exacts, et comme la distance est assez longue de notre hôtel à la citadelle, nous prîmes une voiture. Les voitures de louage sont, pour la plupart, de vieilles calèches venues d'Europe, repeintes en couleurs éclatantes, les unes encore munies de leurs ressorts, le plus grand nombre les a perdus en route ; le prix de location varie de dix à douze francs pour une demi-journée ; deux maigres rosses traînent cet équipage, et grâce aux coups de fouet dont on

les régale généreusement, elles marchent assez bien. Un Égyptien, pieds nus et armé d'une courbache, fait l'office de coureur et n'épargne pas les horions aux gens trop lents à se ranger.

La citadelle est presque une ville : tout s'y rencontre, mais tout manque de cachet ou plutôt en a un particulier. Les soldats qui veillent à la porte montent la garde, assis sur leur derrière, le fusil entre les jambes, et nous regardèrent passer d'un air à moitié hébété.

Nous n'avions pas encore engagé Ali, notre drogman, et pour cette journée nous avions pris un vieil Égyptien du nom de Mahmoud, bien connu sous le nom du « vieux Mahmoud » au Caire, où, depuis trente années il fait profession de promener les étrangers.

Le vieux Mahmoud n'a pas d'âge.... Il était déjà vieux lors de l'expédition d'Égypte et pourrait, au besoin, vous en raconter l'histoire.... Seulement, si vous le faites causer, tenez-vous à distance, car il n'a plus de dents et lance sur ses voisins la crème.... de son discours!

Le pauvre homme était affecté ce jour-là d'une épouvantable colique, et rien de plus plaisant que de le voir sur le siége de la voiture, se démener comme un possédé, tout en me disant avec un grand sang-froid :

« Ce n'est rien, Effendi, c'est la digestion qui s'opère! » Elle s'opérait d'une singulière façon.... et notre sens olfactif ne s'en apercevait que trop!

Muni, comme on doit toujours l'être dans ce pays, d'une petite pharmacie de voyage, j'avais fait prendre au vieux Mahmoud, avant de nous mettre en route, du sous-nitrate de bismuth avec un peu d'opium : le remède opérait.... d'abord par la voie ordinaire.... puis bientôt par la voie supérieure, de sorte que le pauvre homme n'y comprenant plus rien se crut empoisonné et sauta en bas de son siége.... où il ne tarda pas à remonter.... bien plus.... léger qu'auparavant. Quoi qu'il en soit, la drogue fit merveille, la journée se passa d'une manière.... assez satisfaisante.... et le lendemain toute douleur avait cessé.... Aussi Mahmoud me proclama-t-il, avec reconnaissance, le roi des médecins! Il s'était un peu trop pressé.... la dyssenterie avait, en effet, disparu, mais depuis ce moment le bonhomme resta un peu trop.... cacheté!

Revenons à la citadelle : c'est un grand bâtiment sans aucun caractère; sous un grand vestibule, à l'entrée, se tenaient des soldats, des *cawas*[1], des employés subalternes, fumant le chibouk et prenant le café pour le plus grand bien du pays.

Dès que le drogman nous eût annoncés comme désirant parler à Linan-Bey, deux cawas, armés de

1. Sortes d'huissiers et d'agents de police attachés aux personnages importants. Les consuls ont aussi leurs cawas.

leurs cannes à pomme d'argent, précédèrent notre marche, frappant régulièrement la terre comme des suisses d'église. Nous montâmes un grand escalier, puis l'on nous introduisit dans une antichambre remplie d'officiers de toute espèce : les uns assis sur leurs talons, les autres étendus sur des sofas, dans l'attitude la plus débraillée, fumaient et prenaient le café, toujours pour le plus grand bien de l'empire.

Le vieux Mahmoud, accroupi dans un coin, se demandait avec terreur par où s'échapperait la terrible médecine que je lui avais fait avaler, et regardait piteusement le tapis, au sujet duquel je lui avais fait, avant d'entrer, les plus vives recommandations.

Linan-Bey nous reçut dans son cabinet, sorte de divan entouré de sofas, recouverts en soie brochée ; il portait le costume égyptien, une large ceinture, tissée en or, signe distinctif de son grade, entourait sa taille. J'étais fort embarrassé pour m'asseoir sur ces coussins, et mes longues jambes, peu habituées à se replier sur elles-mêmes, se prêtaient difficilement à ce nouvel exercice ; j'en vins à mon honneur et je parvins à me maintenir en équilibre, mais avec quelle peine et quelles souffrances ! Le défaut d'habitude produisit son effet et bientôt un fourmillement général se fit ressentir dans tout mon être.... et surtout là.... où vous savez.... je me croyais assis sur un millier d'épingles. Mon camarade n'était pas plus à son aise que moi, et sur sa figure altérée, je pouvais voir se peindre les émotions les plus.... cuisantes.

Nous causions depuis quelques instants quand nous vîmes s'avancer gravement un cawas, haut de six pieds, sabre au côté, pistolets à la ceinture, retenus par une écharpe en soie, et portant à la main un plateau sur lequel reposaient quelques-unes de ces microscopiques tasses en porcelaine, soutenues sur des pieds en filigrane d'argent et contenant cet admirable café qu'on ne prend qu'en Orient. Après s'être humblement incliné devant moi, avoir placé sa main gauche sur son cœur, il m'offrit respectueusement de la droite une tasse de ce nectar. J'avoue que tout d'abord je faillis éclater de rire au nez de ce garçon de café d'une nouvelle espèce. Mon camarade me poussa le coude et je repris aussitôt toute la gravité nécessaire pour accomplir religieusement le grand-œuvre. Me conformant donc à l'usage dont j'avais eu le soin de m'enquérir, je pris la tasse de la main droite, la passai dans la main gauche, puis, la maintenant dans l'équilibre le plus parfait, je portai la main droite à mon cœur, de là à mon front, puis à mes lèvres, et j'avalai la liqueur. Le géant parut satisfait et s'éloigna après avoir répété mon salut, mais rien consommé !

Vous n'êtes pas sans avoir entendu parler de la

manière dont les Orientaux préparent le café : tout au contraire de nous, qui rejetons le marc avec horreur, c'est le marc qu'ils avalent, et si bien préparé, je vous jure, qu'on le trouve délicieux. Quand je serai installé sur ma cange et dans mon ménage, je traiterai à fond cette question délicate. Le café, en Orient, c'est le chocolat en Espagne; il est d'usage de l'offrir à tout visiteur et il serait impoli de le refuser.... ce serait d'ailleurs une impolitesse à faire à son propre palais que de faire fi d'une chose qui le flatte aussi agréablement.

Après le café vinrent les pipes, qui nous furent offertes avec le même cérémonial. Pendant que nous étions en train de fumer un délicieux tabac, Linan-Bey donnait des ordres, écoutait une communication, recevait un placet, lisait un nouveau décret, tout en apposant son cachet sur une foule de petits papiers d'inégale grandeur, couverts de caractères hiéroglyphiques. Tout cela se faisait sans bruit, presque sans mouvement. Tout inférieur qui entre dans le cabinet du ministre commence par ôter ses souliers, laissant à découvert des bas d'une propreté souvent douteuse, où quelquefois un pouce s'avise de mettre le nez à la fenêtre, puis il s'avance lentement, s'incline, présente son placet et attend, en silence, jusqu'à ce qu'un signe de tête lui ait dit de se retirer. Ces gens-là semblent avoir grand'peur d'user leur langue, en s'en servant.... Ou peut-être ce proverbe populaire : *Trop parler nuît*.... est-il parvenu jusqu'en Égypte. Dans ce pays, pour les actes publics, on ne donne jamais de signatures ; l'action de prendre une plume et de signer son nom serait trop fatigante pour un pacha ou pour un bey. Le moyen dont on se sert est bien plus expéditif, on appose simplement son cachet.... Vous allez en juger.

Le papier qu'on emploie est un papier fait exprès, très-épais et très-fort. On présente au signataire un bâton d'encre de Chine, il le mouille avec de la salive, frotte l'encre avec son doigt jusqu'à ce qu'il ait obtenu un noir assez brillant ; puis il tire son cachet, quelquefois noué à l'une des cornes de son mouchoir de poche.... quand il en a un.... car c'est un luxe à peu près inconnu ; il frotte le cachet, prend le papier, crache dessus et applique l'empreinte sur l'endroit mouillé. Il s'agit ensuite d'essuyer le doigt noirci d'encre ; il se soulève avec peine et passe négligemment le doigt dans les plis de derrière de son pantalon. Morale de l'histoire : Il met à toutes ces formalités vingt fois plus de temps qu'il n'en aurait mis à donner une signature.... Mais.... saurait-il signer ?

Les affaires terminées, nous pouvons enfin visiter le palais de la citadelle, le plus beau palais que possède le vice-roi actuel. Je dis le plus beau, car ici ce n'est pas comme en Europe, où un souverain se contente généralement des palais bâtis par ses prédécesseurs. En Égypte, le premier soin d'un souverain, qui monte sur le trône, est de se faire bâtir des palais dans tous les coins du royaume, et d'abandonner les anciens. Aussi rencontre-t-on à chaque pas les ruines de ces châteaux qui, n'étant plus entretenus, ne tardent pas à s'écrouler, ruines d'autant plus tristes que ce sont des ruines récentes!

Le palais de Saïd-Pacha n'a extérieurement aucune apparence. Il serait assez difficile de reconnaître à quel style d'architecture appartient sa construction. Ce n'est pas un palais, ce n'est pas un hôtel, ce n'est pas même une maison. Cet amas de pierres n'affecte ni la forme d'une caserne, ni celle d'une écurie, il tient de toutes les formes de constructions. Bâti sans aucune espèce de régularité, ce.... comment dirai-je? ce capharnaüm est sans précédent dans les ordres de l'architecture.

Après avoir gravi un escalier, dont les marches sont recouvertes en serge verte, on arrive à un immense salon, magnifiquement décoré, et, dans lequel, entre autres merveilles, se trouvent ces belles glaces qui ont fait l'admiration générale à l'exposition de 1855. L'histoire de l'achat de ces glaces est assez curieuse et mérite d'être rapportée, comme un échantillon des honnêtes spéculations des fournisseurs du vice-roi. Ma version ne repose, il est vrai, que sur les « on dit » qui circulent au Caire, et je vous la donne sans la garantir, mais ils ont été tellement répétés, sans trouver de contradicteurs, qu'ils ne pouvaient être que l'expression de la plus pure vérité. Or donc, ces glaces auraient été achetées à Paris, chacune quarante mille francs.... Et savez-vous combien elles ont été vendues au vice-roi?... Oh! une bagatelle.... quatre cent mille francs les deux! Que pensez-vous du bénéfice du commissionnaire? Ce qui s'est passé pour ces glaces se passe ici pour toute chose. Le vice-roi est un grand enfant qui, dès qu'il conçoit un désir, veut qu'il soit satisfait à l'instant. La chose désirée n'est pas plutôt en son pouvoir qu'il s'en dégoûte et la met de côté, ou, bien souvent, en fait présent à celui qui lui a donné l'idée de l'acheter :

« Tiens, gredin, lui dit-il, voilà pour ta récompense; je sais que tu me voles, mais n'importe, j'ai besoin de toi.... tu m'amuses! »

Saïd-Pacha sait très-bien le français et le parle volontiers, mais le français qu'il préfère est cette langue épicée qu'on parle dans les petits théâtres. Il a fait sa rhétorique dans le répertoire du Palais-Royal; il est surtout très-fort sur les calembours, dont il assaisonne sans cesse sa conversation, et tient dans une haute estime l'almanach comique et ceux qui le rédigent.

Saïd-Pacha adore un peu ce qu'adorent aussi les enfants : il aime à jouer aux soldats, non pas avec des soldats de plomb, mais avec des soldats armés et équipés.... ce qui est un peu plus cher! Il ne marche jamais sans au moins trois mille hommes à sa suite; quand il vient au Caire, cette agglomération de soldats ne trouve souvent pas place à loger dans les casernes. L'obstacle est promptement levé, il les loge dans son palais. Ces soudards couchent sur ses magnifiques tapis, se roulent sur ses sofas brochés d'or, et se livrent aux excentricités les plus incroyables! Exemple : J'admirais de magnifiques candélabres de la fabrique de Baccarat; des fleurs en cristal teinté de couleurs variées courent autour d'une colonne torse d'un goût délicieux; cette œuvre est un tour de force, de grâce et d'élégance; je vis qu'en plusieurs endroits, ces candélabres étaient brisés, et que des fleurs et des plaques de cristal avaient été outrageusement mutilées, j'en fis la remarque à quelqu'un du palais.

« Oh! me répondit-il du ton le plus indifférent, ce sont les soldats qui en ont cassé quelques morceaux pour se faire des décorations, parce que ce verre brille sur leur tunique....

— Et le vice-roi souffre cela?

— Le vice-roi! ça lui est bien égal.... il en rit le premier.... il faut bien que le troupier s'amuse! »

Il y a quelques jours, un de ses soldats ne s'avisa-t-il pas de décrocher le balancier d'une pendule pour le suspendre au gland de son tarbouch auquel il espérait communiquer ainsi le mouvement perpétuel. On ne fit que rire de cette aimable plaisanterie.

Du reste, si le vice-roi aime les soldats, il les aime en égoïste et pour son plaisir personnel, car il ne les ménage pas; je ne suis pas le seul de cet avis, demandez à M. Poitou. Chaque fois que Saïd-Pacha se déplace, toute son armée doit le suivre. Il se trouvait un jour au Barrage, près du Caire; l'idée lui vint subitement de partir pour Bar-el-Beda, ce palais qu'un caprice insensé d'Abbas-Pacha a élevé, en plein désert, sur la route de Suez et dans lequel il a péri étranglé par deux de ses mamelouks. Toute l'armée dut l'accompagner, mais comme aucune mesure n'avait été prise, comme aucun ordre n'avait été donné à cet effet, les soldats durent bivaquer, sans eau et sans abri, dans cet affreux désert; la fatigue et le soleil en tuèrent un grand nombre.

Cet esprit capricieux et fantasque, qui atteste la décadence des descendants de Mehemet-Ali, s'est manifesté chez Saïd, dès les premiers jours de son règne. C'était en 1857.... Le bruit parvint tout à coup en Europe que le vice-roi était parti, à la tête de son armée, pour la Haute-Égypte et la Nubie.... Quel était le but de cette expédition? Nul ne le connaissait.... et le plus curieux c'est qu'aujourd'hui même tout le monde l'ignore. A peine arrivé à Kartoum, la nouvelle et florissante capitale du Sennâr, Saïd-Pacha, laissant son armée en arrière, revint brusquement au Caire. Rien n'était prévu pour le retour, et l'on trouva plus commode de la licencier sur place ; de sorte que ces malheureux soldats, amenés de fort loin et abandonnés à eux-mêmes, sans ressources pour regagner leurs foyers, périrent la plupart de misère le long des routes. Voilà ce qu'on appelle, en Égypte, de l'administration économique!

Dans ce salon magnifique, avec ses glaces colossales, ses lustres gigantesques, ses girandoles éblouissantes, quelles fêtes splendides l'on pourrait donner! Eh bien! tout ce luxe est parfaitement inutile, ces dépenses ont été faites en pure perte.... jamais ces lustres n'ont été allumés, jamais, dans ces glaces, ne s'est réfléchie l'image d'une jolie femme en toilette de bal; le palais reste vide et mort! quand le vice-roi l'habite, il se renferme dans cet immense salon, et se met dans un coin, en compagnie de deux ou trois fidèles qu'il invite à venir *s'ennuyer* avec lui : deux flambeaux, posés sur une table! voilà le luxe d'éclairage et la soirée se passe à fumer, à dormir, ou, si Saïd se sent en veine, à faire des calembours et à débiter des gaudrioles.

En sortant du salon, on entre dans une série de chambres meublées avec un luxe de mauvais goût ; des étoffes de perse, brochées en or massif, recouvrent des meubles de pacotille ; des tapis de Smyrne, aux couleurs inimitables, des tentures en soierie de Lyon, des tables lamées d'or semblent rougir de se trouver à côté de vieilleries sans cachet et sans caractère, telles qu'une pendule, style Empire, représentant un pompier debout sur un char de victoire en bronze dédoré et d'ignobles candélabres en zinc ou en galvanoplastie ; des stores du goût le plus équivoque sont fixés aux croisées : on y peut voir la foire de Saint-Cloud et la place de la Concorde, les amours de Pomponnette et du Royal-tambour, à côté d'une chasse au sanglier. Les appartements sont peints de la façon la plus ridicule, en grisailles et à grands coups de brosse, ainsi qu'un décor d'opéra, et de plus à la colle ; mais pour les sujets qui y sont représentés, c'est, ma foi, bien assez bon ; au reste qu'importe ? ici le proverbe arabe : « Entendre, c'est obéir » est la règle générale : le vice-roi désire aujourd'hui des peintures ; demain il lui en faudra d'autres ; dans les vingt-quatre heures ses ordres doivent être exécutés ; vous voyez bien que si l'on travaillait solidement, on ne s'y retrouverait pas ! on travaille mal, il paye double, et tout le monde est content.... Mais assez de descriptions de meubles et d'ameublements : je craindrais de passer pour un commissaire-priseur chargé d'une mission en Égypte[1].

C'est par de semblables folies, par des caprices insensés que Saïd-Pacha ruine l'Égypte, en pressu-

1. La maison Graux Marly fait en ce moment pour Saïd une cheminée en porcelaine de Sèvres, d'un goût délicieux.

rant les habitants du plus beau pays du monde, en plongeant dans la plus affreuse misère une population qui devrait vivre dans l'abondance.

Entre autres prétentions, il a celle de former une armée qui rivalise avec celle de la France. Il avait pris à son service un certain nombre d'officiers français qui, à force de travail et de soins, avaient fini par faire entrer dans la tête du soldat égyptien la théorie de la manœuvre; la troupe s'alignait régulièrement, marchait au pas et en était venue à comprendre que le plus beau *mouvement* de l'exercice est l'*immobilité*. Quand Saïd eut pu voir cette magnifique réunion de beaux nègres (car l'armée se compose entièrement de Nubiens) les yeux fixés à quinze pas de leurs nez épatés, alignés sur une file, partir tous du même pied, au commandement de leurs chefs, il crut son but atteint et congédia les chefs français, pour confier son armée à des chefs indigènes. Téméraire résolution! il ne fallut que quelques mois pour faire avorter les bonnes semences qui commençaient à germer.

Le vice-roi, remarquant que son armée manquait de discipline et d'instruction, eut recours à ce moyen, indiqué par Molière, en langue *sabir*, comme on dit en Turquie.... « si toi pas sabir, baston sabir.... et la bastonnade d'aller son train; le moyen réussit mal et n'eut d'autre résultat que.... la désertion. Il fut forcé de reconnaître que ses soldats ne vaudraient jamais les nôtres.... Que faire? il fallait cependant bien obtenir une supériorité quelconque! il lui vint une idée lumineuse; ce fut de vêtir son armée d'une façon si brillante, si luxueuse, qu'aucune armée européenne ne pût lutter avec elle. La troupe portait déjà la veste, la tunique et les buffleteries européennes, et elle avait également notre chaussure lourde et disgracieuse. Un de ces courtisans ou plutôt de ces faiseurs d'affaires, dont le vice-roi est entouré, toujours aux aguets pour exploiter ses caprices et ses fantaisies, lui suggéra une idée qui lui parut sublime et que, séance tenante, il adopta avec enthousiasme : il s'agissait de chausser toute l'armée de souliers vernis.

Le promoteur de la mesure ne manqua pas de s'offrir pour son exécution : un marché fut passé et une commande de trente mille paires de bottines vernies fut faite à l'heureux spéculateur. Tous les fonds de boutiques des cordonniers parisiens furent mis en réquisition et l'heureux titulaire du marché sut obtenir facilement, au prix moyen de quinze francs la paire, une marchandise qu'il cédait modestement au vice-roi au prix de trente-cinq francs.... Le bénéfice était assez joli!

La commande est remplie et la fourniture arrive; grande joie de Saïd, qui fait immédiatement délivrer à chaque soldat une paire des fameuses bottines.... mais.... amère déception! les cordonniers de Paris ne possèdent pas la mesure des pieds nubiens! chaque soldat y mit toute sa bonne volonté.... et malgré cela bon nombre de bottines craquèrent le premier jour.... Enfin tout le monde est chaussé, tant bien que mal, l'armée est réunie pour une grande revue, et le vice-roi, suivi de son état-major, arrive sur le terrain. Saïd ne se possédait pas de joie : si les armes rouillées n'étincelaient pas au soleil, les pieds brillaient de l'éclat du vernis Langlois le plus pur! le spectacle était magique : mais au bout d'une demi-heure le soleil, dardant sur le cuir, enflamma la chaussure, et le malheureux soldat, condamné à la prison de saint Crépin, éprouva des tortures plus cruelles que celles de l'inquisition : les pieds se gonflaient, le cuir se desséchait, et, dans l'impossibilité de pouvoir même retirer ces funestes bottines, devenues autant de tuniques de Nessus pour leurs pieds endoloris, les soldats les coupèrent à coups de sabres et de couteaux : l'armée, arrivée si brillante sur le champ de revue, s'en retourna pieds nus à la caserne.

Quant au vice-roi il se contenta de faire, en soupirant, cette réflexion consolante :

« C'est pourtant bien dommage, car c'était bien joli! » et tout de suite, il se gratta le front, son tic habituel, en s'ingéniant à chercher quelque nouvelle absurdité!

Je n'en finirais pas s'il me fallait vous raconter

tous les essais faits pour le costume de l'armée : tantôt on trouvait bon de mettre, en plaqué, les ceinturons et généralement tout ce qui, dans notre armée, se trouve en cuivre.... jugez si chaque soldat s'empressait de faire argent de son fourniment! tantôt on donnait aux sapeurs des tabliers du plus beau marocain rouge, qui ne tardaient pas à figurer, sous forme de babouches, aux pieds des élégants ou des élégantes du Caire. Encore une anecdote et je continue la visite du palais.

Le vice-roi voulut un jour avoir un bateau de plaisance à vapeur, qui pût lutter de vitesse avec les meilleurs marcheurs. On l'adressa à un grand constructeur anglais ou français, je ne sais lequel, qui, sachant à qui il avait affaire, se débarrassa en sa faveur d'une carcasse dont il ne pouvait trouver le placement. On mit de l'or et du satin partout; les salons furent richement décorés de peintures, et dans les boudoirs on plaça des tableaux assez médiocres, mais dont les sujets, un peu décolletés, devaient plaire à Saïd.

Le bâtiment arriva en Égypte et le vice-roi fit aussitôt chauffer, pour essayer sa vitesse.... malgré tous les efforts, il ne filait que de sept à huit nœuds.... la marche n'était pas brillante, aussi Saïd entra-t-il dans une violente colère.

L'ingénieur s'attendait à la chose, il laissa passer la bourrasque et s'avançant vers le vice-roi :

« Je comprends, lui dit-il, que Votre Altesse ne soit pas entièrement satisfaite de la marche du navire.... elle pourrait être plus rapide, j'en conviens, mais ce bâtiment possède une qualité qui le rend unique, de son espèce, au monde.... il fait de la musique en marchant!

— Ah! bah! fit Saïd, en ouvrant des yeux en forme de lanternes de cabriolet, voyons donc ça.

— C'est très-simple. »

En même temps l'ingénieur tournait un robinet de vapeur qui, aboutissant à un système de rotation, faisait mouvoir la manivelle d'un orgue de Barbarie, et le navire se mit en marche sur l'air de la dernière figure des *Lanciers*.

Saïd était dans la jubilation, puis, peu à peu, ne pouvant contenir sa joie, ses jambes se mirent en cadence; il sautilla d'abord, puis dansa avec furie : les ministres dansaient, les officiers dansaient, les mécaniciens dansaient, tout dansait à bord, et le navire accélérant sa marche, semblait suivre l'impulsion générale. Aux *Lanciers* succédèrent *les Filles de marbre*, puis vint *la Monaco;* la cour était épuisée de fatigue, mais le maître dansait toujours et chacun s'évertuait à faire les sauts les plus extravagants : enfin Saïd tomba dans les bras de l'ingénieur :

« Je prends le navire, lui dit-il, et voici ton bakchish.... »

Et il remit entre ses mains un bon de cinquante mille francs !!!

Si nous continuons la visite du palais de la citadelle, nous trouvons une très-belle salle de bains, en marbre blanc, communiquant par un couloir avec un grand divan, au milieu duquel se trouve un bassin également en marbre : ce bassin date du temps de Mehemet-Ali qui s'amusait, dit-on, à y voir nager les femmes de son sérail.... Saïd-Pacha a bien conservé cette habitude mais.... si seulement il n'y faisait nager que des femmes!...

La salle du trône, ou salle de réception, n'offre rien de particulier : elle est assez mesquinement meublée.... son principal ornement consiste dans le fauteuil du vice-roi.... Il est vrai que c'est un fauteuil comme on en voit guère.... un fauteuil comme on n'en voit pas! Quatre hommes ordinaires s'y assoiraient à l'aise et le fauteuil ne soufflerait mot, mais il pousse un profond gémissement quand Saïd-Pacha y laisse tomber le poids de son corps.... *Indigesta moles!*

Saïd, malgré son poids énorme et sa corpulence colossale, est fort leste. Contrairement aux habitudes des gens surchargés d'embonpoint, il aime le mouvement et se livre volontiers aux exercices gymnastiques, dans lesquels il se fait remarquer par sa légèreté. Il lui arrive souvent, quand il veut sortir d'un appartement au rez-de-chaussée, de négliger le vulgaire moyen de la porte et, repliant sa longue robe entre ses jambes, il saute par la fenêtre, les courtisans de l'imiter et de faire, à qui mieux mieux, preuve d'agilité.... quelques-uns, doués d'une bedaine un peu trop proéminente, tombent pile ou face.... et le Pacha de rire à gorge déployée.

Le vice-roi est courageux de sa personne, mais d'un courage irréfléchi, comme toutes ses actions : il aime à s'exposer, sans nécessité et pour le seul plaisir de chercher le danger. Quand il voyage sur les chemins de fer, il ne marche qu'à très-grande vitesse et souvent il conduit lui-même la machine. A cet effet, il a fait construire un wagon qui correspond directement avec la locomotive, où il passe presque tout le temps du voyage.

Dernièrement il allait d'Alexandrie au Caire : le train marchait à une vitesse moyenne de soixante kilomètres à l'heure. Saïd s'ennuie de marcher aussi lentement, il se lève en poussant une bruyante aspiration, les courtisans le voient avec terreur se diriger vers le robinet d'admission de la vapeur et le tourner graduellement : la machine, accélérant sa marche, dévorait l'espace : le mécanicien, un Français, arrêtant la vapeur et s'adressant au vice-roi :

« Pardon, Altesse, mais en continuant de ce train, nous allons infailliblement dérailler....

— Aurais-tu peur? » répondit le vice-roi, tout en fermant insensiblement le robinet.

Le mécanicien, sans répondre, ouvrit en plein l'admission : par un élan subit, la machine s'emporta, les roues brûlaient les rails, les voitures ne touchaient plus le sol.

« B.... de J.... F.... veux-tu donc nous faire sauter? s'écria le vice-roi, en portant la main au robinet que le mécanicien maintenait grand ouvert.

— Votre Altesse aurait-elle peur? lui dit froidement celui-ci.

— Non pas.... mais assez comme ça.... tu es un brave et un bon B.... » (textuel).

Et il rentra dans son wagon où les courtisans s'étaient évanouis de frayeur.

Le mécanicien avait gagné ses bonnes grâces et depuis il a fait fortune.

La salle du trône est précédée d'un salon, dit salon d'attente, dans lequel les consuls des diverses puissances attendent l'heure des réceptions du vice-roi : au milieu est un de ces divans circulaires, connus en France sous le nom de *pâtés* (style de tapissier) et sur lequel ceux qui y sont assis se tournent forcément le dos : Saïd prétend que ce meuble est d'une utilité incontestable pour que ces messieurs puissent se bouder à leur aise.

Les consuls sont les bêtes noires du vice-roi; plutôt que d'avoir à discuter avec eux, il leur accorde tout au premier mot, il est ainsi débarrassé plus vite de leur odieuse présence; aussi les consuls abusent-ils souvent de cette frayeur instinctive.... On cite, et par douzaines, des concessions onéreuses qui lui ont été extorquées, affaires d'écluses, affaires de barrages, affaires de magnanerie, etc., etc.... j'en passe et des meilleures, dans lesquelles des millions ont été enlevés à l'Égypte.... mais qu'importe, l'Égypte est assez riche pour payer les folies de son chef.... demandez-le au peuple qui meurt de faim! Saïd est si bon! disent les fournisseurs et les employés qui abusent de sa faiblesse.

En résumé, le palais de la citadelle est l'image de son possesseur : c'est un composé de belles et de laides choses, comme le vice-roi est un composé de qualités et de vices : il est intelligent, sobre sur la boisson ; il est même assez bon.... à ses instants.... mais il est avide, profondément égoïste et livré aux vices les plus honteux. Dans le palais le mauvais goût domine, chez le vice-roi les passions étouffent les qualités. Parmi les masses d'objets entassés dans les appartements on découvre quelquefois des pièces admirables, des chefs-d'œuvre de l'art; de même chez le vice-roi jaillissent parfois quelque éclair de génie, quelque bonne pensée, malheureusement trop fugitifs et trop promptement étouffés pour que les rayons puissent se répandre sur l'Égypte.

Saïd, s'il eût voulu se laisser guider par les quelques hommes honnêtes et capables qui se trouvent encore près de lui, eût pu faire beaucoup de bien à l'Égypte, eût pu rappeler le souvenir de son aïeul.... Mais loin de là, cédant aux instigations des intrigants qui l'entourent et flattent ses passions, il ruine le pays et laissera dans l'histoire un nom aussi méprisé que le nom d'Abbas-Pacha. Abbas, cruel et sanguinaire, régnait par la terreur; Saïd, insensé et prodigue, règne en despote, sans faire de mal, mais appauvrit le pays par ses dilapidations, augmente la dette publique et met au dernier rang des nations un peuple qui devait être classé dans les premiers.

Quittons le palais et rendons-nous à la mosquée. Sacrifiant à l'usage, nous laissons de côté nos bottines à la porte et nous recevons, moyennant une légère rétribution, deux mauvais chaussons de paille qui nous permettent d'entrer dans l'édifice. La mosquée, dite de Mehemet-Ali, est vraiment fort belle : elle est précédée d'une grande cour carrée, entourée, de trois côtés, d'une série de colonnes élégamment sculptées; dans le milieu se trouve une fontaine d'albâtre, d'où jaillit une eau pure qui sert aux ablutions des musulmans, accroupis tout autour. Sur quiconque visite pour la première fois un semblable monument, l'intérieur de la mosquée produit un singulier effet : la vue est frappée, en entrant, d'une myriade de lampes en verre, suspendues à des sortes de carcasses en cuivre, contournées et formant les dessins les plus originaux; ces lampes, au nombre de plusieurs milliers, sont suspendues à des cordons de soie. Les dalles, les colonnes et les murs sont en albâtre : des nattes, sur lesquelles s'agenouillent les fidèles musulmans, couvrent le sol tout autour de l'intérieur de la mosquée. La coupole est ornée d'une foule de dessins aux couleurs éclatantes : des vitraux de couleur projettent dans l'intérieur une douce lumière, favorable au recueillement. Le silence le plus profond règne dans l'édifice : en entrant dans le temple, les musulmans quittent leurs chaussures, qu'ils portent à la main ou déposent dans un coin, et marchent nu-pieds : il n'est pas rare de voir des fidèles passer leur journée entière, étendus sur les nattes, à voir voler les mouches et à tuer leurs puces.

Dans un angle, à droite en entrant, se trouve le tombeau de Mehemet-Ali, entouré d'une balustrade dorée; ce tombeau est recouvert de riches tapis brodés d'or, et de chaque côté sont placés de grands chandeliers en argent massif.

En sortant de la mosquée de Mehemet-Ali, nous arrivons au *Saut-du-Mamelouk*. Arrêtons-nous un instant et admirons le paysage splendide qui se présente à nos yeux. Nous sommes sur un plateau qui domine le Caire; à nos pieds s'étend la ville immense, avec ses toits en terrasses, ses dômes, ses minarets qui se découpent, gracieux et éclairés, sur un ciel bleu d'azur dont on n'a pas d'idée en France. A gauche on aperçoit le vieux Caire et les arcades élevées de l'aqueduc du Sultan-Taloun; cet aqueduc apportait l'eau du Nil à la citadelle; à gauche, les tombeaux des califes, vaste champ de ruines et de désolation; en face, Boulak et ses bâtiments amarrés dans le port; enfin le Nil, dont les flots d'un jaune clair brillent, aux rayons du soleil, de mille reflets dorés. Le fleuve semble embrasser amoureusement les îles verdoyantes qu'il féconde de son limon, et ces îles elles-mêmes, parées de riches moissons de fleurs, sont parsemées de palais, de villas et de jardins. Puis au loin, et comme fond de tableau, le désert avec ses sables arides, du sable, rien que du sable d'un jaune roux qui tranche sur un ciel sans nuages; et au milieu de cet océan de sable, les pyramides de Gizeh, qui s'élèvent mornes et sombres! Spectacle sublime et désolant à la fois! la fertilité tout près d'un sol aride, l'animation de la campagne près du silence du désert, la vie près de la mort!

Dans le court précis que je vous ai fait de l'histoire d'Égypte, je vous ai parlé du terrible expédient qu'employa Mehemet-Ali pour se débarrasser des mamelouks, dont il redoutait la farouche indiscipline; il les fit tous impitoyablement massacrer à la suite d'une fête qu'il leur avait donnée dans son palais. Un épisode de ce massacre a fait donner au plateau sur lequel je vous ai conduit, le nom de *Saut-du-Mamelouk*, que j'ai cité plus haut. Voici la tradition : Un seul mamelouk, dit-on, échappa au carnage; il se nommait Amym-Bey. Parvenu dans la grande cour du palais, poursuivi par la fusillade jusqu'à la plate-forme du mur d'enceinte, n'ayant plus qu'à opter entre deux genres de mort, il se lança, avec son cheval, de cette terrasse, haute de plus de vingt mètres. Le cheval fut tué sur le coup ; l'homme, quoique meurtri, put se relever, fut recueilli par quelques Arabes charitables, et au bout de quelques jours il fut en état de se réfugier en Syrie.

Je me suis avancé sur le bord de la plate-forme, j'ai sondé de l'œil le gouffre qui se trouve au-dessous, et j'ai frémi en pensant au saut exécuté par cet intrépide Amym-Bey.

Puisque j'ai rappelé le souvenir des mamelouks, je veux dire encore quelques mots de cette race intrépide qui fournit à l'Égypte ses meilleurs soldats. Lors de l'invasion des Français, ils firent des prodiges de valeur dans les plaines des pyramides; Bonaparte avait su les apprécier et en ramena en France quelques-uns qu'il incorpora dans sa garde. Qui n'a entendu parler du mamelouk Roustan, le fidèle cerbère de l'Empereur, couchant au travers de sa porte et ne laissant personne approcher de son maître? Hélas! cette fidélité cessa avec la fortune, et

Roustan, comme tant d'autres, abandonna le grand homme exilé à Sainte-Hélène !

Malgré toute leur bravoure, les mamelouks, qui faisaient peser sur le peuple une verge de fer, étaient cordialement détestés ; aussi, lors de son entrée au Caire, Bonaparte, dans une proclamation datée du 1er juillet 1798, s'empressa de flétrir la tyrannie des beys et de promettre un changement complet dans le gouvernement. Il avait frappé juste ; il devint populaire : dans les rues, dans les cafés se chantaient des chansons composées en son honneur par des rapsodes aimés du peuple et qui n'étaient que son interprète ; j'ai pu me procurer une de ces chansons, et je vous en transcris la traduction ; c'est de la poésie arabe à l'ordre du jour :

I

Tu nous as fait soupirer par ton absence, ô général en chef, qui prends ton café avec du sucre, et dont les soldats, en état d'ivresse, poursuivent les femmes dans les rues de la ville.

II

Tu nous as fait soupirer par ton absence, ô général charmant, toi dont le visage est si beau, et dont le bras a frappé, dans la capitale de l'Égypte, les Turcs et les Arabes.

III

Tu nous as fait soupirer par ton absence, ô représentant de la République, toi si charmant, dont la chevelure est si belle, et qui as fait briller le Caire, dès ton entrée dans ses murs, d'un éclat pareil à la lumière d'une lampe de cristal.

IV

O représentant de la République! tes soldats enivrés des joies de la victoire, se répandent de toutes parts pour frapper les Turcs et les Arabes. Salut! Bonaparte! salut! ô roi de la paix!

Cette dernière qualification de « roi de la paix » me semble tant soit peu hasardée.

En sortant par la porte sud de la citadelle, vous trouvez la place de Roumelieh. Cette place est encombrée de petits marchands ambulants qui se jettent dans vos jambes, en vous poursuivant de l'offre de grands roseaux qui ne sont autres que des cannes à sucre. Pour quelques paras on obtient une canne longue de deux mètres ; si vous voulez vous divertir, faites-en cadeau à deux Arabes : chacun commence à la sucer par son bout, puis arrivés à la fin, et quand ils se trouvent nez à nez, une dispute s'élève à qui finira le morceau, et là cesse l'entente cordiale qui jusque-là avait régné entre les deux gourmets ; comme d'ordinaire la querelle se vide à coups de poings, et le vainqueur savoure le fruit de la victoire.

Tout près de là, et dans une petite rue aboutissant à la place, se trouve la mosquée du sultan Hassan, la plus belle mosquée comme détails d'architecture, et la plus ancienne du Caire; elle date de 1356.

On y monte par un escalier latéral dont les marches chancelantes ont peine à soutenir le visiteur. On arrive à un péristyle, puis un passage obscur, dans lequel se tiennent des gardiens, vous conduit à une vaste cour carrée, pavée en marbre, entourée de chapelles. Au milieu de cette cour, une rangée octogone de colonnes supporte une grande coupole: c'est là que se font les ablutions. Au fond, faisant face à l'entrée, s'ouvre le sanctuaire, élevé d'une marche au-dessus de la cour; là le sol est recouvert de nattes, et sur les murs se trouvent des inscriptions, de pieux versets du Coran, et des incrustations en nacre. Après avoir traversé le sanctuaire, on entre dans une grande salle carrée surmontée d'un dôme; c'est là que repose le sultan Hassan; son cercueil est tourné du côté de la Mecque; aux pieds du sultan est placé un livre avec fermoirs d'argent; c'est un exemplaire du Coran que Hassan copia tout entier de sa main.

Ce spectacle est solennel et imposant; mais tout, dans cette mosquée, révèle l'incurie, la négligence et l'abandon. Autrefois, sur les murs, se trouvaient tracés, en lettres gigantesques, des versets du Coran, à peine en distingue-t-on les vestiges; la coupole effondrée est à jour de toutes parts et sert de refuge à tous les oiseaux des ténèbres; des moulures, des sculptures sur bois d'un travail délicieux, menacent les têtes des fidèles. Un jour ou l'autre, vermoulues et rongées par l'humidité, elles tomberont en poussière. On ne fait rien pour prévenir ces désastres; dans sa coupable incurie le gouvernement égyptien laisse dépérir ses plus beaux monuments; là où le moindre entretien aurait conservé intacts des objets dignes du plus grand intérêt, vous ne rencontrez que ruines chancelantes, prêtes à s'écrouler sur leur base.

L'extérieur de la mosquée répond à l'intérieur; le portail en ogive, décoré de pendentifs, est un admirable morceau d'architecture; la coupole est hardie, les minarets gracieux et élancés; les murs extérieurs sont, comme ceux de toutes les mosquées, peints en larges bandes rouges et blanches alternées; l'ensemble du monument est à la fois imposant et gracieux, noble dans sa construction, ingénieux et coquet dans ses détails.

Une légende du pays dit que Hassan, émerveillé de ce travail et voulant que ce chef-d'œuvre restât unique dans son espèce, fit couper la main à l'architecte qui l'avait construit: singulière façon, vous m'avouerez, de récompenser le talent.

Cette mosquée a été bâtie avec des blocs de pierres enlevées aux pyramides.

En sortant de la mosquée de Hassan, notre cocher nous conduisit au vieux Caire; ce n'est plus aujourd'hui qu'une bourgade sans importance, amas de ruines et de débris; l'on n'y trouve que quelques huttes de fellahs sales et déguenillés, des chiens vautrés dans la boue, quelques enfants imitant les chiens, pas la moindre animation ; en un mot, l'image de l'abandon le plus complet. Autrefois le vieux Caire avait une certaine importance par sa position près du Nil, mais Boulak l'a complétement détrôné. Boulak est un peu plus rapproché de la capitale, et cet avantage a d'abord conduit les barques de plaisance à venir s'y amarrer, puis les canges de marchandises ont suivi cet exemple, et maintenant c'est à peine si quelques mauvaises embarcations sont amarrées dans le port du vieux Caire. La fondation de ce port remonte à l'époque de l'invasion arabe ; ce fut *Amrou* qui le commença en 641.

La tradition rapporte qu'une colombe ayant fait son nid sur la tente du farouche conquérant, celui-ci, pour ne pas déranger la couvée, défendit qu'on levât la tente. On voit que dans le cœur sanguinaire d'un barbare peut pénétrer quelquefois une lueur de sensibilité.

La seule curiosité du vieux Caire est la mosquée d'Amrou, qui remonte à 641, et est, sinon le plus ancien monument, du moins le plus vieil édifice *musulman* de l'Égypte. Cette mosquée n'a cependant rien de particulier dans la forme ; elle tombe en ruine et est complétement abandonnée. Les fidèles y vont rarement prier, et si elle sert encore à quelque chose, c'est à faire vivre un vieil Arabe à qui chaque visiteur donne quelques paras. Si l'on considère l'époque reculée de sa construction, on a lieu de s'étonner de la conservation de quelques-unes de ses parties, et entre autres de sept rangées de colonnes, toutes en marbre et en granit, au nombre de trois cent soixante-dix ; les chapiteaux, d'une forme gracieuse et variée, sont, en quelques parties, artistement fouillés, et l'on y reconnaît l'imagination bizarre et fantasque des Arabes. Cette forêt de granit, dans un espace très-resserré, est d'un effet très-pittoresque.

Autour de la mosquée se sont élevées de misérables huttes en terre, desquelles s'élancent des enfants qui viennent implorer le bakchish ; ils appartiennent à des familles de *potiers* qui habitent ces huttes et y travaillent la terre, en confectionnant des *goulehs*[1] et autres ustensiles grossiers à l'usage des pauvres gens.

Il se faisait tard et, pressés de rentrer à l'hôtel, où nous avions invité quelques personnes à dîner avec nous, nous eûmes à peine le temps de visiter une petite chapelle, dédiée à saint Jacques ; elle est

1. Le gouleh est une sorte d'alcarazas servant à conserver à l'eau sa fraîcheur.

desservie par des Cophtes, et l'on y remarque quelques peintures grecques, malheureusement assez mal conservées, à cause de l'humidité ; une légende rapporte que, lors de *la fuite en Égypte*, la Vierge se réfugia dans une grotte sur laquelle on a bâti la chapelle, et s'y cacha pendant quelque temps. Cette légende est fort incertaine.

En face du vieux Caire on remarque l'île de Rhodah, sur la pointe de laquelle on a élevé ce qu'on appelle ici un palais, et ce qui mérite tout au plus le nom de villa. La vue est très-belle de cet endroit : le Nil est large et présente un riant aspect ; c'est là que se trouve le *Nilomètre*.

Le Nilomètre consiste dans une colonne de marbre blanc, élevée au centre d'un puits carré, dans lequel une ouverture est pratiquée aux eaux du Nil, et dont on peut atteindre le fond au moyen d'escaliers placés sur ses parois. La colonne, taillée à huit pans, est graduée en seize divisions nommées coudées. La coudée égyptienne, qui se divise en six palmes de quatre doigts, équivaut, d'après une évaluation faite lors de l'expédition d'Égypte, à cinquante-quatre centimètres. En rapportant le mouvement du Nil à la graduation du Nilomètre, on reconnaît que le fleuve, qui ne descend presque jamais au-dessous de la troisième coudée, doit monter de vingt-quatre à trente doigts au-dessus de la seizième, c'est-à-dire couvrir le chapiteau, pour annoncer le plus haut degré des eaux, soit une crue effective de treize coudées trois quarts, équivalant à vingt-trois pieds. Pendant l'époque d'ascension du fleuve, des crieurs publics annoncent dans les rues du Caire les degrés de l'inondation, absolument comme à Paris l'on crie dans les rues, *la grande hausse* ou la *baisse* de la Bourse !

C'est au pied du Nilomètre, c'est-à-dire à cette pointe de l'île de Rhodah ou Rhaoudah (parterre de fleurs), que s'arrêta le berceau de Moïse, et qu'il fut aperçu par la fille du Pharaon.... dit-on !

Nous reprenons enfin le chemin du Caire, par une route bordée de chaque côté de nopals et de figuiers de Barbarie. Cette avenue est généreusement arrosée.... trop généreusement peut-être, car, comme on arrose sur de la poussière, il se forme bientôt une purée de macadam des moins agréables à traverser. Le croiriez-vous ! cette vue ne m'était pas désagréable, elle me rappelait mes chers boulevarts par le mauvais temps ! Le système d'arrosage public est ici des plus simples. A droite et à gauche des rues de la ville sont des ruisseaux, alimentés par des fontaines ; des hommes remplissent de cette eau des peaux de bouc qu'ils portent sur le dos ; puis, dirigeant avec la main les jets circulaires de cette eau, ils arrosent ainsi les rues.... et les passants.

Dans l'avenue que nous parcourons se trouve une

grande caserne: les cours sont encombrées par des tentes, où les hommes couchent pêle-mêle. Quant aux chevaux, ils sont logés dans de superbes écuries!

Un firman du vice-roi, dû à l'obligeance de Konig-Bey, m'attendait à l'hôtel: la précaution de se munir d'une semblable pièce est indispensable pour voyager sur le Nil: cet ordre, émané directement du souverain, prévoit bien des difficultés et évite bien des désagréments au voyageur. Je vous en envoie copie [1].

Le firman était, bien entendu, écrit en turc, qui est la langue officielle, et ne tenait pas plus de cinq lignes; c'est bien le cas de s'écrier, avec ce bon M. Jourdain: « Pour moi, je n'aurais jamais cru que *marababa sahem* eût voulu dire: ah! que je suis amoureux d'elle! Voilà une langue admirable que ce turc! »

Sur ce je ferme ma lettre, d'une longueur incommensurable, en vous disant: *salamalek*.... ce qui signifie, en turc, une chose dont vous ne vous doutez pas, c'est que, de loin comme de près, je suis votre meilleur ami.

1. Voir aux Annexes.

LETTRE VII.

A bord de la cange, 21 février, au soir.

Tous nos colis, style mercantile, sont à bord de la cange, et nous y voici embarqués nous-mêmes depuis quelques heures. Nous sortons de table, et, ma foi, notre chef est comme le fier Rodrigue :

Ses pareils à deux fois ne se font pas connaître !

pourvu que cela dure ! C'est bien beau pour commencer, attendons encore quelques repas pour asseoir notre jugement. Mon compagnon de voyage ne perd pas un moment pour faire ses installations : je l'entends qui cogne, qui frappe, qui plante des clous dans les cloisons ; il s'est chargé de la partie active de la besogne, et j'y ai consenti de grand cœur. Vous connaissez ma haine de la symétrie et ma louable habitude de ne jamais remettre les choses en place ; si par hasard il m'arrive de ranger mes affaires, c'est uniquement afin de me réserver le plaisir de les déranger plus tard. Je laisse donc M. de B.... charpenter, cogner, menuiser.... assujettir les portes rebelles à la serrure, y mettre des verrous, consolider la table, faire sur les chaises bancales les plus belles opérations d'orthopédie, enfin boucher les fentes et placer des porte-manteaux, et je vais tâcher de terminer, dans cette lettre, le récit de mes excursions au Caire.

La journée du 16 fut employée à courir les boutiques de la rue du Mouski pour nous procurer nombre de choses indispensables dans la cange et qui n'étaient pas à la charge du reiss ni à celle du drogman : de la bougie, du vin, de l'araki, de la poudre, du cognac, des lanternes, de l'huile à brûler, des clous, des marteaux.... et que sais-je, mille choses encore dont il faut se munir avant le départ, car en route on a peu de chance de les rencontrer.... Prenez note de la nomenclature et ajoutez-y des cigares, des pipes, du tabac, des babouches, etc., etc.

Pour trouver ces objets, il nous fallut parcourir les bazars turcs, et la manière de conclure les marchés est assez curieuse pour que je vous la décrive.

Prenons un exemple au hasard. Nous voici dans le quartier où se vendent les étoffes de soie, les babouches dorées, les fichus brodés et les armes, soi-disant de Damas. Les boutiques n'ont pas de devantures : elles se composent, tout simplement, d'un trou carré creusé dans l'épaisseur d'un mur; pas de porte d'entrée, pas de comptoir pour étaler la marchandise ; on achète ici des étoffes comme à Paris on achète un maquereau à la halle. Le plancher de la prétendue boutique est élevé de trois pieds environ au-dessus du niveau de la rue, ce qui fait que l'on peut, sans se baisser, examiner les objets qui vous sont présentés ; la boutique a, en général, une largeur de trois mètres, de chaque côté est placé un sofa ; sur l'un, le marchand, accroupi, fume tranquillement sa pipe ; l'autre attend l'acheteur. Jamais.... au grand jamais.... marchand égyptien ne s'est dérangé pour mettre de l'ordre dans sa marchandise.... tout est jeté pêle-mêle, dans le plus beau désordre : quand il ne dort pas.... il fume.... quand il ne fume pas, il dort.... ou égrène son chapelet. Vous voici devant une boutique où quelque objet tente votre curiosité ; vous le prenez, vous l'examinez, vous le tâtez.... le marchand ne bouge pas et continue à fumer sa pipe.... à moins qu'il ne vous l'offre, après avoir préalablement essuyé le bout d'ambre avec ses doigts.... Puis il fait signe à l'un de ces agents des cafés, qui circulent sans cesse dans les rues, pour recruter des pratiques, et bientôt on vous apporte une tasse de café qu'il faut bien se garder de refuser, ce serait une grossière impolitesse.... Mais que votre délicatesse se rassure.... vous payerez cher cette petite tasse qui ne vaut qu'un para! Rendons cependant une justice au marchand; c'est que l'acceptation du café n'implique pas l'obligation d'acheter la marchandise.... Libre à vous de rester aussi longtemps qu'il vous conviendra à examiner les objets, à fumer la pipe et à prendre le café.... puis de vous en aller sans rien acheter.... loin de grogner, comme cela arrive souvent dans des pays bien plus civilisés, le marchand ne vous en saluera pas moins avec la plus grande politesse.

Revenons à notre marché; jusqu'à ce moment vous n'avez encore échangé aucune parole avec le marchand; enfin, vous fixez votre choix sur un objet qui vous plaît :

« Combien !. » dites vous en présentant l'objet.

Le boutiquier le tâte, l'examine, le regarde dans tous les sens, absolument comme s'il voulait l'acheter lui-même :

« Trois cent cinquante piastres, répond-il, et il vous rend l'objet.

— Cela! trois cent cinquante piastres! Tu es fou!... et vous jetez le fichu ou l'écharpe dans un coin : vous continuez à fumer.

— Et toi (tout le monde se tutoie), combien en donnes-tu?

— Moi, j'en donne cent piastres.

— Allah! il ne sortira pas de mon magasin à moins

de trois cents piastres.... C'est juste le prix qu'il me coûte.... je puis le jurer. »

Vous ne faites pas semblant d'entendre.... vous ne vous occupez plus de ce que vous avez marchandé.... et vous regardez soit un sabre, soit un poignard, dont vous demandez le prix.... au bout d'un instant et de l'air le plus indifférent :

« Tiens.... je veux bien te donner cent vingt-cinq piastres.... et n'en parlons plus. »

Le marchand fait un signe de refus, puis enfin arrive à laisser l'objet pour deux cent cinquante piastres.... pas une piastre de moins.

Vous recommencez le manége, vous fumez plusieurs pipes, vous absorbez nombre de tasses de café, toujours offertes par le marchand, et finissez enfin par obtenir l'objet qui a excité votre convoitise, avec une réduction qui varie de cent cinquante à deux cents pour cent.

J'ai eu ainsi, plusieurs fois, pour une quarantaine de francs, des objets qu'on m'avait faits plus de cent.

Au reste, si le marchand se montre par trop entêté, prenez l'objet, jetez l'argent devant lui et faites mine de vous retirer.... il criera, il tempêtera.... mais le plus souvent il vous laissera partir.... et soyez assuré qu'il vous vole encore de moitié.

On ne peut se faire une idée de la mauvaise foi de ces gens-là, surtout envers les Européens : entre eux, ils ont moins beau jeu et se rendent la pareille.

Une remarque assez singulière que j'ai été à même de faire est celle-ci : si vous voulez acheter un objet de prix et que vous disiez à un marchand : « Voyons, montre-moi ce que tu as de plus beau, » vous pouvez être certain qu'il vous présentera un tas de drogues, et ce n'est que lorsqu'il aura étalé devant vous le rebut de sa boutique qu'il consentira, pour ainsi dire à contre-cœur, à mettre sous vos yeux ce qu'il a de vraiment beau ; on dirait qu'il vous fait une grâce en vous vendant sa marchandise, et que ce n'est qu'à regret qu'il la voit partir. Avec ces idées, il n'est pas étonnant que le commerce ne prenne pas de grands développements, et s'il existe à Alexandrie et au Caire quelques grandes maisons d'affaires, c'est qu'elles sont dirigées par des Européens : un Égyptien ne serait pas capable d'être à leur tête.

Les journées des 17 et 18 ont été consacrées à quelques promenades dans la ville.

Dans la matinée du 18, un homme de l'équipage de la cange vint nous demander de l'argent, d'abord pour acheter des instruments de musique destinés à égayer les ennuis du voyage, puis des bâtons pour protéger la barque pendant les relâches : il n'était pas question de cette imposition musicale et protectionnelle dans notre traité, mais c'est l'usage du pays, et le mieux est de s'y conformer ; au reste, on en est quitte pour une couple de napoléons.

A midi, nous partions pour Matta-Rayeh. La distance est longue et la route se fait, en partie, au milieu des sables apportés par les vents du désert ; nous prîmes en conséquence une calèche à quatre chevaux qui nous conduisit rondement au but de notre excursion.

La route est belle et accidentée. Après avoir traversé les faubourgs du Caire, on laisse à sa droite un ancien palais d'Abbas-Pacha, abandonné maintenant. La route, après avoir coupé à niveau la voie du chemin de fer conduisant à Suez, serpente à travers des champs cultivés et quelques pauvres villages ; enfin on arrive à Matta-Rayeh, situé au nord-est, à quelques milles du Caire.

A cet endroit se trouve une charmante oasis de citronniers et d'orangers, au milieu desquels s'élève un énorme figuier sycomore. A ce figuier se rattache une petite légende : dans la fuite en Égypte, la Vierge, fatiguée, se reposa sous cet arbre ; dans une mare d'eau bourbeuse qui se trouve à côté, elle a lavé, dit-on, les langes du divin enfant. Le figuier est superbe.... et digne de la légende ! A peine arrivé, vous n'avez pas encore fait le tour de l'arbre, qu'un homme s'est approché de vous, une hachette à la main, vous proposant de dépouiller vous-même l'arbre sacré d'un morceau de son écorce.... toujours moyennant le bakchish.... plus ou moins élevé.... selon la générosité du visiteur. Le tronc et les principales branches sont littéralement hachés, et cependant l'arbre reste plein de séve et s'élève, orgueilleux et fort, au milieu des arbrisseaux qui l'environnent.

A quelques pas plus loin se trouvent les ruines d'*Héliopolis :* quand je dis les ruines, je veux dire l'emplacement, car, de cette magnifique ville, il ne reste qu'un obélisque encore droit, mais enseveli en partie dans le sable ; il s'élève au milieu d'un verger d'orangers et de citronniers : une vieille matrone et sa couvée d'enfants, qui s'attachent à vos habits comme des insectes malfaisants, hurlant bakchish à vous fendre les oreilles, sont les propriétaires du terrain où finit ses jours ce monument, contemporain des premiers pharaons.

Nous sommes revenus par les jardins de Shoubra, sorte de parc fort agréable, surtout dans un pays où la verdure et la fraîcheur sont si rares.

Dans ces jardins s'élève une *villa*, propriété d'Alim-Pacha, et qu'on dit un bijou délicieux : je ne puis en parler que d'après l'extérieur, car on n'y laisse pas pénétrer les curieux, et l'entrée des jardins est même l'objet de quelques difficultés.... mais avec la clef d'or.... c'est-à-dire quelques piastres, on pénètre partout.... en Égypte.... comme ailleurs.

Au milieu du parc est bâti un divan carré soutenu par une colonnade du meilleur goût ; aux quatre coins sont placés les appartements privés, meublés d'*ottomanes* très-confortables.... sans calembour; ce sont de petits salons de repos, les uns destinés à Alim et à ses amis, les autres à ses femmes. Enfin, au milieu de ce divan se trouve une magnifique pièce d'eau dont les parois sont revêtues d'albâtre et qui est alimentée par des lions, versant l'eau à pleine.... gueule. C'est là qu'Alim-Pacha vient de temps à autre faire une pleine eau avec son harem : tout autour du bassin sont des canapés en cuir, doux, moelleux et disposés pour faire la sieste.

Le 19 février a été le jour de notre excursion la plus fatigante; nous sommes allés aux pyramides. Un charmant compagnon de route s'était joint à nous pour cette excursion, M. le baron de V..., ancien officier de hussards, vieux de vingt-six ans et qui n'a pas quitté son régiment par ancienneté de service, mais parce qu'ayant de la fortune, il était fatigué de traîner le sabre et les éperons.... Au demeurant le meilleur fils du monde.... gai, causeur.... peut-être à l'excès.... mais je doute que ceux qui l'écoutent aient jamais songé à s'en plaindre.

Certains touristes enthousiastes partent le soir à minuit, vont coucher au pied des pyramides et font l'ascension dite de l'aurore, pour jouir du lever du soleil. Je me flatte d'avoir toujours été vertueux, et malgré la chanson, j'ai peu de propension à voir lever l'aurore.... Mon camarade n'y tenait pas plus que moi, et, pour tout concilier, nous nous contentâmes de la perspective de voir coucher le soleil, ce qui ne nous obligeait pas à passer la nuit à la belle étoile. Dès la veille nous avions fait nos préparatifs : des viandes froides, quelques œufs durs, du pain et du vin, avaient été soigneusement emballés dans la sacoche aux provisions; des ânes du premier choix, fringants et bons marcheurs, avaient été retenus à l'avance.... Huit heures sonnaient lorsque la caravane se mit en route.

En passant dans une rue du Caire, l'âne que montait notre drogman Ali heurta un malheureux fellah, portant sur sa tête une énorme corbeille remplie de farine; l'homme trébucha, la corbeille renversa son contenu et, en un instant voilà le malheureux Ali transformé en pierrot : ses vêtements d'un drap marron, son turban, son écharpe en soie rouge, étaient passés au blanc, et, si ce n'était sa figure noire, il pouvait faire sa partie dans le ballet des meuniers. Jugez de la fureur d'Ali, la fleur des pois des petits-maîtres, dans le noble corps des drogmans; il se jeta sur le maladroit Égyptien et, pour le consoler de la perte de sa farine, lui administra la plus belle volée de courbache que jamais musulman eût reçu de sa vie. Il fallut nous en mêler, car un peu plus il l'eût laissé sur place; notre coquet drogman enrageait de nous voir rire à ses dépens et, ne pouvant s'en prendre à nous, il passait sa colère sur le dos d'une victime qui, avec bien plus de raison, aurait pu se plaindre de l'âne et de son conducteur. Mais il en est en Egypte comme en Europe, souvent les battus payent l'amende. Allez donc faire comprendre à un Nubien qu'un Égyptien puisse jamais avoir raison, en quoi que ce soit.

Après avoir secoué ses vêtements et être remonté, en maugréant, sur sa bête, Ali reprit la tête de la caravane.

Quand nous fûmes arrivés sur les bords du Nil, on embarqua les ânes dans une sorte de bachot, nous y montâmes nous-mêmes et l'on nous passa, hommes et bêtes, sur l'autre rive. Là, on prend à gauche et l'on côtoie le Nil, en le remontant, pendant une bonne heure, puis l'on arrive au village de Gizeh : à peine arrivés, une des sept plaies d'Égypte, des enfants déguenillés, et des femmes, cachant une figure qu'on n'est guère tenté de regarder, implorent le bakchish, en vous offrant à boire.... de l'eau du Nil. Nous fîmes les grands seigneurs, en distribuant quelques piastres [1] et continuâmes notre route.

Dans la direction de Gizeh, au milieu des palmiers et des sycomores, on aperçoit le village d'Embaleh, où commença la bataille des Pyramides.

En sortant de Gizeh, les pyramides s'offrent subitement à vous, dans toute leur majesté : jusque-

1. Environ vingt-cinq centimes de notre monnaie.

là on ne les aperçoit que par intervalles, à demi masquées par les arbres ou les plis du terrain : les voici maintenant dans toute leur splendeur. A la vue de ces masses granitiques on éprouve une impression singulière : on se demande quels étaient ces hommes, ces géants qui ont osé concevoir et exécuter cet immense travail : on voudrait savoir quels moyens employaient ces habiles ouvriers pour soulever de terre des masses aussi considérables, et les élever à une pareille hauteur! avaient-ils donc des engins plus puissants que les nôtres? les moufles, les crics, la vapeur leur étaient-ils connus? non.... leurs instruments se bornaient à des rouleaux et à des plans inclinés, mais leurs engins les plus puissants étaient.... la patience et la persévérance.

Les pyramides s'élèvent au milieu du désert, comme les divinités protectrices de l'Égypte. Ce n'est pas ici le lieu de renouveler les interminables discussions sur l'emploi de ces constructions importantes, on les regarde assez généralement comme ayant été destinées à recevoir les cendres de quelques souverains, dont elles étaient les magnifiques mausolées.

Les documents historiques les plus authentiques font remonter la construction de la grande pyramide de Gizeh à neuf siècles avant l'ère chrétienne, elle porte le nom de pyramide de Chéops.... Mais assez comme cela de science rétrospective; le récit de mon simple voyage craindrait de s'élever à la hauteur d'une compilation scientifique; c'est ma propre visite aux pyramides que je veux vous décrire, et je vais tâcher de le faire de manière à vous inviter à suivre mes traces. Permettez-moi cependant encore une citation.

« Ces colonnes portaient probablement autrefois des inscriptions analogues à leur destination, mais elles avaient déjà disparu à une époque des plus reculées : un granit rouge recouvrait les assises de pierre calcaire, dont la masse de ces pyramides se compose. Que l'aspect de ces montagnes artificielles devait être imposant lorsque le soleil, à son lever, ou à son coucher, colorait de ses rayons leur surface resplendissante ! encore aujourd'hui que des mains sacriléges ont enlevé le revêtement des pyramides, et ont même, quoique inutilement, tenté de détruire ces masses vénérables, on n'y peut trop admirer la précision du travail et la grandeur de la conception.[1] »

« Ce sont, dit un voyageur plein de goût[2] les derniers chaînons qui lient les colosses de l'art à ceux de la nature. »

Après toutes ces digressions qui pourront, je l'espère, avoir quelque intérêt pour vous, je reviens à notre propre visite.

1. Malte-Brun, *Géographie universelle*.
2. Denon. *Voyage d'Égypte*.

Bien avant notre arrivée aux pieds des pyramides nous étions entourés d'une foule d'Arabes, foule devenant à chaque instant plus compacte et menaçant de passer à l'émeute : en vain mettions-nous nos ânes au galop, la foule nous suivait au pas de course, criant, gesticulant et faisant offres de services. Ali nous avait prévenus de nous méfier de ces pèlerins, parmi lesquels se rencontre grand nombre de très-adroits *pick-pockett;* nous avions donc le soin de décrire, avec nos courbaches, un moulinet qui tenait à distance cette horde envahissante.

Voici l'origine de cette course.... au voyageur.... Il était arrivé souvent que des touristes imprudents ou trop hasardeux avaient subi des accidents, soit en montant, soit en descendant seuls les pyramides : pour obvier à ces inconvénients, le vice-roi confia à une tribu, sous les ordres d'un chef, la garde des pyramides, avec défense d'y laisser monter qui que ce soit, sans être accompagné d'au moins deux ou trois Arabes : comme toute peine implique une récompense, c'est à qui s'empressera de la mériter, et c'est ce qui fait que la proie qui se présente, sous la figure d'un voyageur, est si vivement disputée. Ces gens ont une telle habitude de la chose qu'à la seule inspection de votre physionomie, ils reconnaissent, non-seulement votre nationalité, mais encore l'état de votre bourse.... aussi fûmes-nous accueillis par les titres les plus mirobolants.... A M. le vicomte de

B.... on donna du marquis, et moi, entre les mains de qui l'on avait vu la bourse, je fus proclamé prince et acclamé de vivat ! Quant au malheureux baron de V.... qui les avait traités du haut de sa grandeur, ils ne voulaient pas le reconnaître pour autre chose que pour notre domestique.... En vain nous efforcions-nous de leur dire : « C'est un baron.... un vrai baron ! » Bast ! ils n'écoutaient rien et ne démordaient pas de le traiter en domestique.... Le baron enrageait, mais que faire ? On ne se bat pas en duel avec des Bédouins.... Il finit par prendre le bon parti, ce fut d'en rire.... Il aurait dû commencer par là !

Nous n'étions plus qu'à environ cent cinquante mètres des pyramides quand, piquant nos montures, nous prîmes un galop effréné. M. de V.... tenait la tête, puis venait M. de B.... et je fermais la marche.... mais tout à coup, pif.... paf, l'âne du baron trébuche, tombe à gauche, tandis que son infortuné maître tombait sur le flanc droit : à la vue de ce désastre la monture de M. de B.... lève les oreilles, s'arrête court, et son propriétaire lancé par-dessus sa tête va en piquer une au beau milieu du sable, côte à côte avec M. de V.... « et ces deux grands débris se consolaient ensemble ! » Jamais, je crois, je n'ai tant ri, et j'en avais le droit, car le même accident m'était arrivé la veille, en pleine place d'El-Esbekieh, et mes camarades ne s'étaient pas fait faute de se divertir à mes dépens. Enfin chacun se releva et se hucha de nouveau sur sa bête; au bout de quelques minutes nous étions arrivés; pour nous donner des forces avant de faire notre ascension, nous causions d'une manière toute particulière avec nos provisions.

L'appétit était bon, le mien surtout, et c'est une justice que me rendent tous ceux qui me connaissent, que je tiens vigoureusement ma place à table; les provisions disparurent comme par enchantement; c'est tout au plus s'il resta quelques os de la volaille « que les petits âniers se disputaient entre eux! » (ô Racine!) On apporta le café, nous allumâmes des cigares et, nous couchant à l'ombre, sous une anfractuosité, nous fumâmes avec ce doux *far niente* qu'on ne peut bien apprécier que dans les pays chauds.

Alerte! il est temps de commencer l'ascension.

Trois vigoureux gaillards s'emparent de chacun de nous : deux de ces hommes s'attellent à mes bras, l'autre me pousse par derrière, m'enlève, et me lance positivement d'une marche sur la suivante : ces marches ont une hauteur moyenne d'un bon mètre : aussi quand on en a monté une cinquantaine commence-t-on à trouver le métier fatigant : le grand écart qu'il faut faire à chaque pas vous casse les jambes. Malgré notre grande taille et l'ouverture de nos compas, M. de B.... et moi étions éreintés; mais que dire du baron ? à moitié mort de fatigue, il se laissait pour ainsi dire porter par ses guides : ses jambes, beaucoup moins longues que les nôtres, flageolaient à ce point qu'il retombait souvent.... sur autre chose que ses pieds.

Non contents de vous éreinter, en vous faisant gravir au galop cette infernale montagne, les guides vous assourdissent de leurs cris et de leurs chants, fort peu harmonieux.... cette mélodie consiste à marquer la mesure, en criant à tue-tête : « Signor, bono bakchish, bono.... Allah! Allah! » et de temps en temps ils s'arrêtent, en demandant bakchish. Gardez-vous bien de leur rien donner avant d'être redescendu, sans quoi vous trouveriez bientôt le fond de votre bourse : promettez beaucoup, pour donner peu, et vous donnerez encore trop.

Enfin j'atteignis le sommet : je trouvai M. de B.... qui, me précédant, était arrivé avant moi, étendu sur le ventre, les bras et les jambes en croix, il tâchait de rattraper son souffle qu'il avait perdu en chemin : quant au baron, il arriva, ou plutôt fut déposé par ses guides, presque en capilotade, il s'affaissa sur lui-même et pendant assez longtemps resta sous le coup d'une prostration complète.

Vous croyez peut-être qu'après avoir exécuté à vos risques et périls cette pénible ascension, vous pourrez jouir en paix du magnifique panorama qui se déroule sous vos yeux ; détrompez-vous, vous avez compté sans les Arabes, qui se sont attachés à vos pas, comme des animaux malfaisants : toute la tribu vous a suivi et a grimpé à vos côtés, uniquement pour le plaisir de faire de l'exercice, de se dégourdir les jambes.... et de vous demander le bakchisch : autour de vous remuent, crient et gesticulent, soixante à quatre-vingts hommes ; entre vos jambes grouillent des moutards cuivrés portant, dans des *bardaques*[1], de l'eau qu'ils vous offrent afin d'obtenir le bakchish. L'un vous présente un morceau de craie ou de charbon pour dessiner des fresques ou inscrire votre nom au sommet des pyramides : et si, plus ambitieux, vous voulez que le souvenir de votre visite se perpétue dans la postérité, un autre vous offrira un ciseau pour graver votre nom dans la pierre : voulez-vous emporter quelques vestiges des temps passés, voici un descendant des pharaons qui vous remet un marteau, pour détacher des pierres, tandis qu'un petit singe, barbouillé de poussière, vous présente, pour vous essuyer le visage, une éponge imbibée de la sueur de vos prédécesseurs !

Ces gens baragouinent, à qui mieux mieux, quelques mots et même quelques phrases de français, d'anglais et d'italien : « C'est ici qu'eut lieu la bataille des Pyramides » dit l'un en nous montrant la

1. La bardaque est à peu de chose près le gouleh dont nous avons déjà parlé.

plaine où se passa cette terrible affaire, où, selon les paroles d'un grand capitaine, quarante siècles contemplèrent nos soldats, se couvrant de gloire! Un autre croit vous faire grand plaisir en cornant à vos oreilles : Bonaparte bon B.... (textuel)..... puis le refrain habituel : Bakchish.... bakchish.... puis la menace succède à l'éloge, et ils vous font comprendre que si vous n'êtes pas généreux envers eux, ils effaceront votre nom que vous avez tracé et priveront ainsi la postérité du souvenir de vos exploits!

Du haut de ces pyramides la vue est magnifique; le Caire, avec ses mosquées et ses minarets se détache vigoureusement, au loin, sur un ciel d'une limpidité parfaite : c'est la même vue que celle que l'on a du haut de la citadelle, mais plus étendue, et avec le désert immense pour fond du tableau.

Après avoir consacré un temps suffisamment long à l'admiration et fait le tour de la plate-forme, nous effectuâmes notre descente sans le secours de nos guides incommodes, dont nous n'éprouvions pas le besoin. Il faut, en moyenne, un bon quart d'heure pour faire l'ascension de la plus grande pyramide et environ dix minutes pour la descendre : je parle des Européens, mais parmi ces Arabes, lestes et infatigables, vous trouvez des gens qui, pour quelques piastres, montent et descendent en moins de huit minutes : cette race est douée, en vérité, de muscles d'acier.

Malgré notre fatigue nous voulûmes visiter l'intérieur du monument; mais nous ne pûmes décider le baron de V.... à nous accompagner.... il ne pouvait plus, à la lettre, remuer ni pieds ni pattes.... Je le vois encore d'ici, avec sa figure aussi rouge qu'une pivoine, inondée de sueur, la tête couverte d'une calotte en velours bleu, dont le gland de soie pendait derrière son dos, emprisonné dans sa veste de hussard, il étouffait et, malgré nos recommandations, avalait, coup sur coup, verre d'eau sur verre d'eau.

La porte, si l'on peut donner le nom de porte à l'ouverture par laquelle on pénètre dans l'intérieur de la pyramide, se trouve placée environ au quart de sa hauteur, en partant du sol : elle donne accès à un corridor, très-bas et très-étroit, fait en pierre lisse; le moyen le plus simple pour parcourir ce corridor en pente, est de se mettre sur son derrière.... puis.... lâchez tout.... et vous vous trouvez en bas! Vous tournez sur la droite et trouvez un nouveau plan incliné : celui-ci est ascendant. Vous vous mettez alors à quatre pattes et des Arabes vous tirent en avant et vous poussent en arrière.... après toutes ces évolutions vous arrivez enfin dans un vaste local, dit : « La chambre du roi. » Un immense sarcophage en granit se présente à votre droite; dans cette chambre règne une chaleur insupportable et il s'y exhale une forte odeur de renfermé. Il faut avoir eu le soin de se munir d'une grande quantité de bougies et de torches, car nulle ouverture extérieure ne fait pénétrer la lumière du jour dans cette chambre funéraire.

J'avoue qu'à me trouver dans ce tombeau, éclairé seulement par la lueur rougeâtre des torches, à me voir entouré d'une cinquantaine d'Arabes à la face bronzée, et ressemblant plutôt à des démons qu'à des hommes, j'éprouvai une singulière impression. Les torches projetaient sur les murailles des ombres gigantesques. Je voulus compléter le tableau et ordonnai à ces démons de chanter et de danser : ce fut aussitôt un sabbat infernal : les cris, les gestes, les vociférations de toute sorte, retentissant dans cette chambre sonore, étaient d'un effet saisissant. Ce n'est pas sans une certaine émotion que je me voyais au milieu de cette horde avide et incivilisée !

Nous ne prolongeâmes pas notre séjour dans ce caveau, où la chaleur nous étouffait, où l'odeur de la résine nous prenait à la gorge, et ce fut avec bonheur que nous retrouvâmes le soleil et le grand air.

Nous étions littéralement harassés de fatigue, nos habits tombaient en lambeaux, la poussière, mêlée à la sueur, couvrait nos visages ; mais nous en étions venus à notre honneur, nous avions terminé cette ascension que tout voyageur tient à faire. Cependant, je le dis hautement, je ne souhaiterais pas à mon plus mortel ennemi une plus cruelle punition que celle de faire chaque jour avant son déjeuner une semblable ascension.

Le moment critique était arrivé, il fallait s'exécuter envers cette avide populace qui de tous côtés nous tendait la main et nous assourdissait de ses demandes. Si on l'écoutait, ce ne serait pas assez que de verser entre ses mains tout le contenu de sa bourse; ils vous dépouilleraient volontiers, même de vos vêtements. Je payai d'abord au chef une somme qui est, pour ainsi dire, tarifée suivant les nationalités. Un Russe donne vingt francs par personne, un Américain quinze, un Anglais dix, un Français cinq. La nation française passe en Égypte pour être fort peu généreuse, et nous n'en sommes pas cependant plus mal servis! Je distribuai quelques bakchishs et en somme, pour trois personnes, l'ascension des pyramides revint en tout à une trentaine de francs.

Suivis par cette troupe hargneuse, qui malgré nos refus énergiques espérait toujours quelques nouveaux bakchishs, nous dirigeâmes nos pas vers le Sphinx qui se trouve à une petite distance des pyramides. Vous n'êtes pas sans avoir vu des gravures ou des photographies représentant ce monstre colossal, mais il est vraiment difficile de s'en rendre un compte exact, sans l'avoir vu soi-même : les formes gigantesques de cette statue dépassent tout ce que l'imagination pourrait concevoir. Elle a environ cent quarante pieds de longueur, la tête et le cou ont ensemble vingt-sept pieds de hauteur.

Mais l'heure avançait; le soleil déjà bas à l'horizon inondait d'une rouge lumière le désert et les pyramides, il était temps de reprendre le chemin du Caire. Nous y arrivâmes à la nuit, brisés et moulus de fatigue, enchantés, émerveillés de ce que nous avions vu, mais jurant de ne pas recommencer l'ascension.

Le 20 et le 21 se passèrent dans les préparatifs du départ; il fallut emménager à bord de la cange, faire quantité d'achats et prendre congé des gens qui nous avaient si bien reçus. Nous n'avons pu tout voir au Caire, mais nous nous réservons de le faire à notre retour de la haute Égypte.

Adieu, cher ami, je ne sais d'où sera datée ma prochaine lettre; mais soyez assuré que je saisirai toutes les occasions de vous donner de mes nouvelles, et de vous associer aux sensations que me feront éprouver les merveilles que j'espère bien voir.... Au reste, vous voyez que j'use largement de la permission que vous m'avez octroyée, et voilà une lettre qui pourrait le disputer en longueur aux colonnes du *Times*.

LETTRE VIII.

Kenneh, 5 mars.

Nous voici arrivés, à peu près par le 26°, et nous commençons à éprouver une chaleur assez grande, 38° centigrades à l'ombre et 67° au soleil; aussi ai-je revêtu le costume des gens du pays, c'est-à-dire la simple chemise et les babouches.... Ce costume est fort pittoresque et se rapproche beaucoup de celui de notre premier père; à la couleur près, nous ressemblons aux indigènes.

Malgré cette chaleur tropicale, qui porte presque irrésistiblement au sommeil, je n'ai pas voulu laisser passer Kenneh, où nous nous arrêtons une journée, sans vous donner de mes nouvelles : mes lettres étant plutôt des journaux que des lettres, je vais procéder par ordre de dates.

Comme je vous l'écrivais dans ma dernière, nous sommes partis du Caire le 22 au matin. Le soleil se levait à peine que déjà, sur notre rouf, nous hissions le pavillon national à l'arrière de la cange, et que, faisant flotter à la grande vergue une flamme tricolore de douze mètres, portant les armes de M. de B..., nous donnions le signal du départ par une salve de mousqueterie.

Les 22, 23, 24, 25, 26 février il ne se passe rien de particulier à bord. Nous conformant à l'usage adopté généralement par les voyageurs sur le Nil, de remettre au retour la visite des monuments qui se trouvent sur la route, nous marchons sans nous arrêter, sauf pendant quelques heures que nous consacrons à la promenade et à la chasse pendant que notre équipage se repose.

Nous nous sommes bien vite habitués à notre nouveau genre de vie qui, au demeurant, est assez agréable. Je vous en laisse juge.

Nous nous levons, en général, vers les sept heures, sept heures et demie : notre toilette et un cigare nous mènent jusqu'à huit heures et demie, heure à laquelle nous déjeunons.... oh! avec un rien : un peu de riz au lait sucré, de la gelée de pommes et quelques dattes.... repas d'anachorètes! après quoi, étendus sur le divan, nous fumons quelques pipes en prenant le café.... puis nous faisons deux ou trois parties d'échecs, lisons quelques pages de Murray ou de Wilkinson, et nous arrivons ainsi doucement à l'heure du second déjeuner.... celui-ci est un peu plus sérieux ! la chose terminée, chacun rentre chez soi et se livre d'ordinaire aux douceurs de la sieste, sous un moustiquaire protecteur[1] : puis vient le moment du bain, et sur les quatre heures nous descendons à terre pour donner la chasse à des vautours et à des milans qui abondent dans le pays. À six heures nous buvons l'araki ; à sept heures nous nous mettons à table, puis après le dîner nous allons prendre le frais sur la dunette ; enfin le soir quelques parties du noble jeu de bezigue et une tasse de thé terminent la journée.... et le lendemain.... c'est à recommencer.... Que dites-vous de cette existence? vous nous accuserez peut-être de sybaritisme, mais pour des gens qui craignent la chaleur, et vous savez si je la crains, y a-t-il un autre genre de vie possible par une température sénégalienne?

La première journée passée à bord a été employée à mettre de l'ordre dans nos affaires.... oui, de l'ordre, vous avez beau sourire, j'ai placé dans l'ordre le plus méthodique mes fusils, mes livres et mes instruments de chasse.... dites après cela que les voyages ne forment pas la jeunesse.... oui bien, répondrez-vous en soupirant, mais ils déforment la vieillesse !

1. Un *mousquetaire*, comme disait toujours notre brave Ali, qui n'a jamais voulu en démordre.

Nous avons eu jusqu'à ce jour le vent presque toujours contraire, ce qui fait que notre équipage a beaucoup de mal ; il lui faut haler la barque à la corde, et sous le soleil qui les brûle, c'est vraiment pitié que de voir ces pauvres gens faire le métier de chevaux de halage. Les matelots égyptiens, malgré leur mauvaise nourriture, sont forts et vigoureux. La chose peut paraître étonnante quand on songe aux petites quantités et surtout à la mauvaise qualité des vivres qu'ils consomment. Jamais de viande, car la viande est trop chère ; quelques morceaux de mauvaise galette de sarrazin séchés au soleil et qu'ils trempent dans de l'eau chaude, dans laquelle ils font bouillir quelques herbes ; une espèce de fromage blanc, dit fromage arabe, fait avec du lait de buffle, très-sale, très-fort et d'un goût détestable, quelques dattes séchées, des concombres ou des courges, volés dans les champs, voilà tout l'ordinaire de l'Égyptien ! Aussi est-ce grande fête parmi l'équipage quand nous lui donnons la tête, les pieds ou les entrailles d'un mouton tué pour notre table : avec ces éléments ils confectionnent des ragoûts impossibles à décrire, ils y ajoutent des lentilles, cueillies sur les bords du Nil, et le résultat se traduit le plus souvent par quelques bonnes indigestions. Nous leur laissons aussi quelquefois le produit de notre chasse ; mais j'avoue que s'ils devaient compter exclusivement là-dessus, il leur faudrait souvent se serrer le ventre. En fait d'oiseaux, bons à manger, on ne trouve guère ici que des pigeons, des oies et des canards sauvages. Quant aux fameuses perdrix du désert, je les regarde à peu près comme un mythe : en revanche les pigeons pullulent; les gens du pays ne les mangent pas, et si on leur construit des pigeonniers, c'est uniquement pour recueillir la fiente, très-estimée pour servir d'engrais. Si les fellahs ne les tuent pas, ils ne s'opposent pas à ce qu'on les tue.... aussi nous arrive-t-il quelquefois de rapporter un gros butin.... alors ce sont des cris de joie et tout l'équipage fait bombance. Dans ces occasions, on ne sait comment nous fêter : on danse, on fait de la musique, avec ces fameux instruments pour l'achat desquels on a mis notre bourse à contribution. Voulez-vous savoir de quoi se compose le concert? d'une sorte de tambour, dont le corps est en terre et se termine en cône, l'ouverture de ce cône est recouverte d'une peau tendue, et la partie opposée, tronquée à une certaine hauteur, reste ouverte à l'air libre; cet instrument se joue, si l'on peut profaner le mot d'instrument en l'appliquant à semblable chose, en le frappant alternativement des doigts et de la paume de la main; il rend un bruit sourd qui accompagne la voix du chanteur, pendant que ses camarades marquent la mesure en frappant dans les mains, c'est l'enfance de l'art. Cet instrument peu harmonieux, que je viens de vous décrire de mon mieux, porte le nom de *daraboukah*.... le daraboukah est très-répandu; on est sûr de le retrouver, accompagnant la voix, dans presque tous les villages où l'on passe.

En présence d'une telle peinture vous allez rire quand je vous dirai que les Égyptiens aiment beaucoup la musique.... ils aiment à l'entendre, mais ils croiraient indigne d'un homme sérieux de l'étudier. Elle est condamnée par la loi du Prophète.... mais la loi du plaisir est plus forte, hommes, femmes, enfants, chacun charme par des chansons ses loisirs ou ses travaux : on fait même chanter le Coran dans les écoles.

Ces chants ne ressemblent en rien aux nôtres, ni pour l'entrain, ni pour la joie : ils sont lents, monotones, et restent presque toujours dans la même note : les changements de ton, les modulations sont totalement inconnus. Cependant je dois dire que le soir, lorsque tout dans la nature est calme et tranquille, à cette heure où le soleil se couche, où cessent tous les bruits de la campagne pour faire place au silence solennel de la nuit, ce n'est pas sans une certaine émotion qu'on entend, dans le lointain, le son du daraboukah.... des paroles d'un langage inconnu parviennent faiblement jusqu'à votre oreille, la barque glisse silencieusement sur le Nil, le crépuscule s'étend peu à peu, la nature prend une couleur plus sombre, et le paysage finit par disparaître dans les ombres de la nuit.

Après avoir successivement passé devant Benisouef, Fetchim, Abou-Girgeh, Samallout, petites villes situées sur les rives du fleuve, nous atteignons le Djebel-el-Teir, point culminant d'une chaîne de montagnes du même nom, qui se trouve sur la rive droite du Nil. Quelques huttes enchâssées dans les excavations des rochers révèlent la présence de l'homme dans ce site sauvage : j'interrogeai le drogman sur les habitants de si singulières retraites :

« Ce sont des chrétiens, des Cophtes, me répondit-il d'un ton méprisant, des mendiants qui vont venir à la nage implorer le bakchish : ils guettent le passage des barques et ne tarderont pas à paraître : l'usage est de leur donner quelques piastres. »

Il n'avait pas fini de parler que déjà nous apercevions quelques têtes noires, mettant le nez en dehors des cahutes et nous regardant passer... Bientôt deux ou trois hommes dégringolèrent à pic du haut de la montagne, et se jetant à l'eau, eurent, en quelques brassées, atteint notre cange; ils montèrent à bord avec une agilité d'écureils; ces honnêtes sacripants, vêtus de leur simple pudeur, pas même voilés de la classique feuille de figuier, vinrent nous montrer leurs bras, sur lesquels était gravée une croix : *Christians!.., Christians!... Bakchish!... Bakchish!...* Pour nous conformer à l'usage, nous leur donnâmes quelque monnaie, afin de nous en débarrasser.

Les Cophtes ont la prétention de descendre des Égyptiens, quoique leurs traits fins, allongés et fort rapprochés du type juif, ne ressemblent en rien à ceux des antiques bas-reliefs. Il est plus probable qu'ils proviennent du mélange de deux races, alors que le christianisme n'avait pas encore mis entre elles une barrière infranchissable.

Les Cophtes ont partout une très-mauvaise réputation qu'ils justifient assez bien, d'après ce qu'on m'a raconté et ce que j'ai pu voir : la prostitution se fait chez eux sur une grande échelle; n'ayant pas pour les chrétiens d'Europe ce dégoût que nous inspirons généralement aux musulmans, il n'est pas rare de voir des pères ou des maris venir offrir leur fille ou leur femme aux voyageurs, pour une certaine rétribution.

A Tah-Tah, village à quelques lieues au-dessus de la ville de Siout, les Cophtes ont une odieuse spécialité : ce sont eux qui pratiquent l'émasculation des esclaves destinés aux harems, et malgré leur odieuse habileté, un grand nombre de victimes périt entre leurs mains. Au reste le commerce est assez lucratif, on dit que, d'un seul coup, Mehemet-Ali leur fit autrefois une *commande* de trois cents eunuques, qu'il voulait envoyer en cadeau, à Constantinople, au sultan Mahmoud.

Je voudrais vous donner une idée de la manière d'opérer, mais le sujet est délicat à traiter.... Essayons-le pourtant. Passons sur les préparatifs et arrivons au résultat.... L'opération terminée, on cautérise avec de l'huile bouillante.... On enterre le patient, pendant vingt-quatre heures, dans un trou pratiqué dans la terre, en ne lui laissant que la tête en dehors.... Puis on déterre mon homme et l'affaire est faite.... C'est un homme de moins, un chapon de plus.... c'est-à-dire un eunuque! La chose peut paraître incroyable et cependant elle est vraie; elle s'est pratiquée pendant des siècles et se pratique peut-être encore.

Les victimes de cette mutilation sont en général de jeunes nègres, de six à neuf ans, amenés du Darfour ou du Sennâr; un homme, ainsi *démonétisé*, se vend le prix d'un cheval de fiacre — de trois cent vingt-cinq à trois cent cinquante francs.

Mais détournons notre esprit de cette odieuse industrie et poursuivons notre route.

Nous arrivons le 28 à un passage étroit et resserré, où sur le haut d'un rocher à pic se trouve placé le tombeau du cheik Saïd : une nuée de mouettes vole alentour du monument.... je saisis mon fusil et j'allais faire feu, quand Ali, détournant le canon :

« Ne tirez pas, dit-il, sur ces oiseaux : on les

respecte dans le pays, et vous seriez mal vu de nos matelots, si vous en tuiez un seul. »

Je respectai le préjugé et rentrai dans le salon, où je trouvai M. de B.... faisant une joyeuse partie avec notre ami *Gott*. Je ne vous ai pas encore présenté Gott, c'est une faute que je m'empresse de réparer.

Gott est un chat.... un vrai chat de gouttière, noir et blanc : s'il a l'œil d'un tigre, il n'en a ni le courage ni la férocité.... C'est bien le chat le plus poltron que j'aie jamais rencontré. Il aime la compagnie : dès qu'on le laisse seul dans une chambre, il crie et pleure comme un enfant.... et pourtant Gott n'est plus un enfant.... Il est de belle taille et doit être muni de ses dents de sagesse. Gott est la propriété d'Ali, notre drogman : il l'avait amené à bord, sous le prétexte de faire la chasse aux rats, mais il faut l'avouer, ce n'est nullement sa vocation; il préfère rester tranquillement couché sur un sofa, et des rats n'a pas l'air d'avoir le moindre souci. Petit à petit, par ses câlineries félines, il s'est impatronisé dans le divan et, faut-il l'avouer à notre honte, il a fini par y régner en maître et par y prendre des licences qui nous feraient rougir devant des étrangers.... O bonhomme La Fontaine que tu avais raison!

Laissez-les prendre un pied chez vous,
Ils en auront bientôt pris quatre.

Quand nous sommes à table, messire Gott ne se gêne pas pour sauter sur mon dos ou sur les genoux de M. de B.... Puis il allonge doucement le museau jusqu'à nos assiettes et prend son potage avec nous.... Et si, dans sa gourmandise, il vient à se brûler la langue, c'est encore à nous qu'il s'en prend, et, par un miaulement plaintif, semble nous gronder de ne pas l'avoir averti.... Il pousse la licence jusqu'à sauter sur notre table, il rôde autour des plats, allonge doucement la patte et s'il choisit un morceau, soyez sûr que ce ne sera pas le plus mauvais. Un accident qui lui est arrivé l'autre jour l'a cependant un peu guéri de cette habitude : pendant qu'il faisait son ron ron, remuant la queue en signe d'allégresse, il approcha la susdite un peu trop près d'une bougie et ma foi elle prit feu et se mit à flamber; depuis ce jour, il est devenu prudent et ne saute plus sur la table.

D'où vient ce nom de Gott? Allez-vous peut-être me dire.... L'origine est bien simple.... En arabe, *Gott* veut dire chat. — Je ne garantis pas l'orthographe, d'où le nom générique que nous lui avons appliqué, après nous être creusé la tête pour en trouver un autre.... et voilà comment Gott.... fut appelé Gott....

Ah! j'oubliais de vous dire.... après un scrupuleux examen, il a été reconnu que notre chat était une chatte.... J'aurais dû m'en douter tout d'abord à ses manières câlines.... Nous sommes dans le pays de la métempsycose.... Qui sait ce que cette chatte a été autrefois!

Le 29 au soir, nous passons au pied du Djebel-Kisseïr : le site est des plus sauvages et c'est le premier point d'où nous ayons pu contempler et admirer de près cette nature aride et abrupte, au milieu de laquelle s'étend paresseusement la fertile vallée du Nil. En cet endroit le fleuve, resserré, n'a guère une largeur de plus de quarante mètres; à gauche s'élève le Djebel-Kisseir, montagne taillée à pic et qui surplombe le fleuve dans quelques endroits; à droite s'étend un immense banc de sable qui simule le désert, tant sa longueur est à perte de vue. Les bas-fonds nous obligent presque à côtoyer la montagne, et les courants sont si violents que, s'il vente un peu fort, ce passage est regardé comme très-dangereux.

Nous avions un temps magnifique, le soleil était à son déclin, une brise assez forte enflait nos voiles, et bien que marchant à contre-courant, nous avancions rapidement. La cange, cédant sous l'effort de la voilure, s'inclinait en embarquant de l'eau, des vagues assez fortes venaient se briser sur ses flancs et nous couvraient d'écume. On entendait dans l'air ces bruits étranges qui vous frappent dans la solitude, le murmure du vent, le clapotis de l'eau, les cris des orfraies et des milans, cachés dans les rochers et saluant le coucher du soleil, qui éblouit de sa splendeur leurs pauvres yeux malades. Nous tirâmes quelques coups de fusil et le son se répercutant de rochers en rochers, avait quelque chose de grandiose et de saisissant.... De loin en loin s'apercevaient des ruines de maisons en terre et des vestiges de populations. C'est qu'autrefois cet endroit sauvage était habité : des hordes de bandits l'avaient choisi pour repaire, et de là, comme des bêtes farouches, ils s'élançaient sur les barques qui côtoyaient le Nil, les pillaient sans remords et tuaient les voyageurs et même les indigènes qui formaient l'équipage.

Mehemet-Ali déploya la plus grande énergie pour poursuivre ces brigands, détruisit leurs villages, les décima, emmena en esclavage leurs femmes et leurs enfants, et finit enfin par en avoir raison. Grâce à ces mesures énergiques, les tanières sont aujourd'hui inhabitées et les bandits disséminés ne sont plus à craindre. Les chacals et les oiseaux de proie les ont remplacés dans ces huttes et y vivent en bonne intelligence!... Bêtes féroces, pour bêtes féroces, j'aime encore mieux les dernières!

Le 1er mars, au moment où nous finissions de déjeuner, des sortes de gloussements, mêlés à des cris de douleur, nous attirèrent sur le pont, et nous vîmes sur le rivage une grande foule rassemblée.

Nous étions devant El-Ekratt : sur la rive droite

brûlait une cange chargée de marchandises, et pas un de ces fainéants qui voyaient l'incendie n'avait l'idée de puiser un seau d'eau pour l'éteindre! Assis sur leurs talons, les hommes considéraient les flammes en marmottant des prières ; les femmes gesticulaient, levaient les bras au ciel, se roulaient à terre, agitaient leurs voiles dans les airs, se prosternaient, se couvraient la tête de sable et faisaient des génuflexions dans les endroits les plus couverts de boue.

« Qu'est cela, demandais-je à Ali?

— Vous le voyez, me dit-il, cette cange de marchandises, échouée sur la plage, a pris feu pendant la nuit; le malheureux propriétaire était à bord, il n'a pas été réveillé à temps et il a trouvé la mort dans les flammes.

— Mais ces femmes qui gesticulent, en agitant leurs voiles, que font-elles?

— C'est dans le but d'éloigner les malins esprits qui pourraient s'emparer de l'âme du trépassé : elles s'agiteront ainsi pendant plusieurs heures, se couvrant, en signe de deuil, de poussière et de boue.

— Et ces exclamations qu'elles poussent.... que veulent-elles dire?

— Quand un homme est mort, si c'est un père de famille, femmes, enfants, parents et amis, répètent généralement la même litanie de regrets :

« O mon maître, ô mon dromadaire, ô toi qui « te chargeais de nous nourrir, qui soutenais le « fardeau de notre existence, ô mon bien, ô appui « de la maison, ô mon chéri, ô mon unique « amour !... pourquoi nous as-tu abandonnés ? que « te manquait-il au milieu de nous ? nos soins « n'étaient-ils pas assez dévoués ! notre soumission « n'était-elle pas sans bornes ? les témoignages de « notre amour et de notre respect n'avaient-ils pas « touché ton cœur ?... » Voilà ce qu'elles disent.

— Vraiment.... mais tout cela est fort gentil ! merci, Ali !... les femmes, chez nous, n'en disent pas tant que cela à la mort d'un mari ! ».

Sans nous inquiéter davantage de ces scènes de désolation, nous continuons notre route et dans l'après-midi nous arrivions à Siout où nous avons décidé de faire une petite station pour rompre la monotonie de notre longue solitude.

Charmés par les récits de M. Charles Didier, dont les œuvres avaient amusé nos loisirs, nous nous faisions une fête de visiter ces lieux enchanteurs ; voici ce que nous avions lu :

« J'arrivai à Siout, capitale du Saïd, ou Égypte supérieure, débarqué au village d'El-Amara, qui en est le port, j'enfourchai un de ces vaillants baudets, qu'on trouve partout en Égypte, et me rendis immédiatement à la ville, située à une demi-lieue dans les terres ; la route est excellente, très-fréquentée, ombragée de saules et d'acacias. Je ne connais rien de plus délicieux que l'entrée de cette ville. A peine a-t-on franchi la porte qu'on se plonge dans l'ombre épaisse des sycomores. Ce n'est pas le crépuscule, c'est la nuit, une nuit fraîche et profonde, au milieu du jour le plus éclatant, le plus brûlant. Une jolie mosquée s'élève sous ces magnifiques ombrages, et des derviches, agenouillés sur des nattes, y faisaient leur prière, le visage tourné vers l'Orient. C'était une page en action des *Mille et une nuits;* l'illusion était si complète que, monté sur mon âne, je m'imaginais être un des voyageurs si connus dans ces charmants contes et qui, arrivés seuls, dans quelque ville inconnue, y trouvent des aventures merveilleuses. »

Je demande humblement pardon à M. Didier de l'emprunt forcé que je viens de faire à son charmant ouvrage de *Cinq cents lieues sur le Nil*, mais il était nécessaire pour expliquer notre relâche à Siout et notre enthousiasme pour visiter cette ville. Hélas! notre désillusion fut cruelle.... Sur la foi de l'aimable conteur nous suivîmes la même route que lui, mais nous trouvâmes plus de poussière que de forêts d'acacias et de sycomores, et le soleil, frappant en plein sur nos têtes, nous faisait d'autant plus regretter de n'avoir trouvé *l'ombre épaisse* que dans le livre de M. Didier. Au reste mon but n'est pas de critiquer mes amis, et un bon livre est toujours l'ami du voyageur. Je regrette seulement que les récits des touristes, qui écrivent leurs voyages, renferment souvent plus de poésie que de vérité, plus d'imagination que de simplicité. Je sais qu'il ne convient pas de se louer soi-même, je dois dire cependant que si mon livre n'a pas d'autre mérite, il aura du moins celui de la plus exacte vérité.

Voici ce que j'ai à dire de Siout.

Siout est la capitale de la haute Égypte : c'est une ville très-importante, en ce que c'est là qu'arrivent toutes les caravanes du Darfour et du Sennâr : aussi y rencontre-t-on un singulier mélange de types de toutes nations ! l'Européen y coudoie l'Abyssin, l'Arabe du désert marche à côté du Juif, facile à reconnaître partout à son cachet indélébile : là on entend parler le grec, l'italien et tous les dialectes de l'Orient. Si l'on compare ce que l'on nomme ici des grandes villes et des capitales avec les grandes villes de l'Europe, on est tenté de trouver dérisoire le nom qu'on leur applique.... mais après avoir vu Alexandrie et le Caire, le Londres et le Paris d'Égypte, on conçoit que quelques autres villes puissent aspirer au nom de capitales.

Siout n'est pas situé sur le bord du fleuve ; la ville a été bâtie à environ une demi-lieue dans l'intérieur des terres.... des baudets, cette providence des voyageurs en Égypte, y conduisent en quelques minutes, par une route, je ne dirai pas bien entretenue, car dans cet heureux pays l'on ne sait rien entretenir, mais enfin assez bien tracée.... j'ai vu les mimosas dont la route est bordée ; quant aux saules et aux acacias, je n'ai pu les rencontrer.... mais ce que j'ai trouvé c'est une poussière insupportable qui vous étrangle et un soleil brûlant qui vous aveugle, çà et là dispersés, qui à droite, qui à gauche, et même au milieu du chemin, en vertu de cette horreur profonde que professent les Orientaux pour la symétrie, des poteaux télégraphiques s'élèvent aux yeux ébahis des indigènes qui leur attribuent une puissance mystérieuse et immense.

Très-intrigués de voir élever ces poteaux, soutenant les fils de fer, dont ils ne pouvaient s'expliquer l'usage, à moins que ce ne fût pour étendre du linge, et la hauteur était insolite, les gens du pays interrogèrent les ingénieurs et il leur fut répondu qu'à l'aide de ces poteaux et de ces fils, on pouvait correspondre avec le vice-roi, en moins de quelques secondes, à quelque distance que se trouvât Son Altesse.

Pour des Égyptiens, la chose était un peu forte à comprendre!... c'était trop présumer de leur intelligence ; mais s'ils ne comprirent pas ils eurent la foi.... et vous savez que *la foi nous sauve.* Dans leur aveugle confiance les habitants du pays sont intimement convaincus que l'extrémité du fil de fer aboutit à l'une des oreilles du vice-roi et qu'ainsi tout ce qui se dit dans son empire lui est immédiatement et fidèlement transmis par le fil dénonciateur.... aussi quand quelque pauvre fellah, succombant sous le poids de l'impôt, murmure contre son seigneur et maître :

« Prends garde, lui dit son voisin, ne dis pas de mal de Saïd, notre *excellent* monarque, car il sait tout et entend tout.... »

D'autres sujets du vice-roi pensent que tout ce bruit qui arrive à ses oreilles doit les fatiguer et lui déplaire ; ils ont en conséquence trouvé un autre moyen de faire parvenir leurs suppliques au pied du trône : ils font écrire leur pétition, l'attachent à l'un des poteaux qu'ils embrassent et supplient de transmettre bien vite leur demande : puis ils s'en retournent chez eux attendre la réponse.... Par le fait ils en obtiennent tout autant que si la pétition était réellement arrivée à sa destination.

La maison du gouvernement se trouve à droite, en entrant dans la ville ; à gauche est une caserne... c'est là que se trouvent ces sycomores, qui donnent une ombre si profonde que *ce n'est pas même le crépuscule, c'est la nuit*. Il y a en effet *six* grands arbres!

Avant de nous diriger vers les bazars, nous avons voulu visiter une maison de fellah pour tâcher de prendre sur le fait la vie intime de ce peuple parmi lequel nous voyagions. Ali, instruit de notre désir, s'était fait fort de nous introduire dans une famille égyptienne. Il tint sa promesse, et moyennant une légère rétribution, toujours le bakchish, il nous fut permis de pénétrer dans les lares domestiques d'un habitant du pays. Bravement assis sur ses talons le maître de la maison fumait sa pipe, quand nous entrâmes, dans un costume assez négligé : il n'avait pas de turban, et portait un tarbouch tellement sale et tellement usé, qu'on n'en voyait plus la couleur : il se leva, à notre entrée, nous salua et nous fit asseoir sur une natte préparée dans un coin, à notre intention : quant à lui, il n'était pas si fier et se remit tout uniment sur ses talons ; sa femme, accroupie dans un coin, s'occupait, les bras nus, à écraser du maïs pour faire des galettes ; deux jeunes filles, pouvant avoir de quatorze à seize ans, se tressaient les cheveux devant une de ces petites glaces à couvercle de plomb qui se vendent en Europe pour quelques sous ; à notre arrivée elles se voilèrent et firent mine de se sauver, mais moyennant un léger cadeau, elles consentirent à nous laisser voir leurs visages. L'une d'elles était vraiment fort belle ; malheureusement cette ravissante figure manquait totalement d'expression : c'était le type de la beauté plastique, des traits réguliers, des lignes pures, des contours gracieux, des bras magnifiques, un pied charmant, une main fine, un embonpoint.... appétissant.... mais avec cela la froideur d'une statue de marbre, un type de nonchalance, d'apathie : aucune expression de désirs dans ses beaux yeux : pas une pensée sous ce front si pur : quel est le Pygmalion qui viendra animer cette nouvelle Galatée !

L'autre, au contraire, avait une petite figure chiffonnée des plus originales, un faux air de singe : elle n'était pas jolie et elle plaisait plus que sa sœur. Nous lui donnâmes quelques piastres et elle nous baisa vivement les mains, avec la joie d'une enfant : sa sœur fit de même, mais froidement et avec la servilité d'une esclave.

Dans une sale cour, pleine d'eau et d'immondices, étaient couchés un chien, une chèvre et un buffle ; au milieu de ces trois animaux circulaient deux affreux petits moricauds, un petit garçon et une petite fille, tous deux à l'état de nature, se roulant dans la boue et se jetant de l'eau : ces singes représentaient les deux plus jeunes héritiers de notre hôte.

On nous servit le café, le café des pauvres, fait avec des fèves grillées. Il fallut bien l'avaler, en rechignant, par respect pour les lois de l'hospitalité : car refuser le café est la plus cruelle injure que l'on puisse faire à un homme ! Ce n'était pas là le café que nous faisait Ali !

L'ameublement d'une maison n'est pas compliqué : une natte ou deux sur le plancher : dans un coin deux ou trois matelas, ou plutôt des galettes de trois pouces d'épaisseur, rembourrés avec du coton à peine épluché, servent de lit à toute la famille. Un petit tabouret en bois tient lieu de table pour prendre les repas ; quelques écuelles, en terre ou en bois, des énormes pots, servant l'un de citerne pour l'eau, l'autre de grenier pour le grain, voilà toute la vaisselle.

Telle est la demeure du fellah : c'est là qu'il vit, c'est là qu'il meurt, sans étendre la vue au delà du mur de sa cabane : son horizon se borne à la limite de son champ : il ne demande à Dieu qu'une seule chose, c'est que l'inondation du Nil soit de longue durée : peu lui importe le reste. Dans sa philosophie cet homme est peut-être plus heureux que bien des gens qui prennent soucis et peines pour courir après le bonheur!

Notre but était rempli et la mauvaise odeur nous fit abréger la visite, nous nous dirigeâmes vers les bazars, non sans éprouver certaines démangeaisons : inutile de dire que nous n'étions pas revenus *seuls* de notre visite!

Les bazars de Siout ne renferment rien de beau, en fait d'étoffes et d'objets de curiosité; Siout a cependant une spécialité : c'est dans cette ville que se fabriquent les plus jolis foyers de pipes et ces élégantes poteries qui de là vont se répandre dans toute l'Égypte. Nous fîmes quelques emplettes, tout en nous promettant de les compléter à notre retour.

La ville présente un aspect animé, les ânes circulent, les chameaux ruminent, les chiens aboient, les enfants jouent, les femmes crient, les almées se promènent, en faisant de l'œil aux passants, les soldats albanais se pavanent, sous leurs grandes jupes plissées, les cawas, tout fiers de leurs sabres damasquinés d'argent, marchent dans leurs souliers éculés, le fellah travaille dans son échoppe, le désœuvré, étendu au soleil sur une natte, à la porte d'un café, dort ou fume son chibouk.

Le vice-roi s'est fait bâtir un petit palais sur le bord du fleuve : de loin, l'aspect de la ville est assez gracieux, des jardins de mimosas, des bois de palmiers l'entourent de toutes parts. Malheureusement le charme disparaît lorsque l'on voit de près ces maisons de boue et de crachats hantées par la vermine.

La population féminine de Siout jouit d'une certaine réputation de beauté..., je ne puis dire si elle la mérite, car toutes les figures sont voilées : mode ridicule contre laquelle proteste en vain la curiosité du voyageur.

Le soir nous retournons à la cange et mettons à la voile. Le 2, le 3 et le 4 mars, nous avançons, mais toujours bien lentement ; le 5, nous atteignons Farchout.

C'est à Farchout — qui produit également les meilleurs melons de l'Égypte — qu'apparaissent les premiers *doumes*, variété de palmiers, portant un fruit grossier, de la forme d'une petite noix de coco, dont se nourrissent les pauvres gens. Cet arbre devient de plus en plus commun vers la latitude chaude, et vers le 15° il remplace entièrement le dattier qui a disparu.

Le *doume* diffère essentiellement du palmier ordinaire : son tronc est lisse et au lieu de s'élever perpendiculairement, il se sépare en deux branches, faisant fourche; ces branches se subdivisent à leur tour en une foule de rameaux. Il donne des fruits deux fois par an; mais dans l'état sauvage où il se trouve, cette récolte est peu appréciée : le bois même n'est pas bon à grand'chose.

Farchout possède une raffinerie de sucre, aujourd'hui abandonnée. Créée par Ibrahim-Pacha, elle réussit d'abord; elle a subi depuis le sort de toutes les belles créations de ce prince et de Mehemet-Ali, son père, après leur mort l'incurie de leurs successeurs l'a laissée tomber en ruines.

Entre Farchout et Kasr-Essaia[1], Ali signale un pavillon français : une cange de voyageurs descend le Nil, suivie de deux autres barques, qui ont l'air de marcher de conserve; sur l'une de ces barques flotte le pavillon américain, sur l'autre le pavillon espagnol.

Immédiatement nous préparons notre artillerie, pour le salut : fusils, carabines et revolvers sont

[1] L'orthographe des noms de villes ou de pays est prise dans la carte d'Égypte de M. Lapie.

chargés jusqu'à la gueule ; des munitions de rechange sont préparées pour bien entretenir le feu. Il est d'habitude, sur le Nil, de se faire cette politesse; quand des canges se rencontrent, elles hissent leur pavillon de nation, qu'elles assurent à coups de fusil. La cange qui monte doit la première politesse.... ne pas saluer serait une grossièreté, dont quelques Anglais seuls se sont montrés coupables.

Vous ne vous figurez pas, cher ami, quel plaisir on éprouve à voir flotter un pavillon tricolore, quand on se trouve à huit cents lieues de la France.... le cœur bat de plaisir à voir des compatriotes : ces gens auprès desquels vous auriez passé à Paris, sans les remarquer, prennent ici la figure d'amis.

Nous commençons le feu et à l'instant la cange française se couvre de pavois et répond à notre feu par un feu bien nourri. Au bruit de cette mousqueterie formidable, nous voici au milieu des trois barques : la scène était des plus animées : les matelots, appuyés sur leurs rames, s'interpellaient, en s'enquérant des nouvelles de leurs familles : les voyageurs, montés sur les dunettes, agitaient leurs mouchoirs et échangeaient des saluts. Seule, la barque américaine était restée silencieuse et s'était contentée de nous saluer de son pavillon, quand tout à coup parurent sur le rouf deux charmantes jeunes filles, chacune armée d'un revolver, et nous saluant gracieusement de la main, elles déchargèrent successivement leurs six coups. Nous répondîmes à la politesse par une triple décharge de toute notre artillerie.

Quand les quatre barques furent sur la même ligne un canot se détacha de la cange française et nagea droit vers nous, portant deux voyageurs qui venaient gracieusement nous visiter.

Ces messieurs se présentèrent d'eux-mêmes, en déclinant leurs noms.... F.... et D....; nous les fîmes entrer au salon, puis ayant donné l'ordre d'apporter le café, les pipes, le rhum et l'araki, nous nous mîmes gaiement à causer ensemble, comme si nous nous étions toujours connus : ils nous parlèrent du voyage qu'ils venaient de faire et nous leur donnâmes des nouvelles de la France, qu'ils avaient quittée depuis quelque temps : de vieux journaux, échappant ainsi au sort qui les menaçait chaque jour, furent acceptés par eux avec reconnaissance.

Avant de venir en Égypte ces messieurs avaient parcouru la Syrie, visité la terre sainte et, de Jérusalem, l'un d'eux avait rapporté la croix du saint sépulcre, qui faisait un singulier effet sur le vêtement égyptien qu'il portait.

Nos compatriotes n'avaient remonté que jusqu'à la première cataracte; leur intention, en partant, était bien de pousser plus loin, mais l'amour, ou plutôt un caprice, avait fait changer leurs projets. Ils avaient fait la rencontre, en Syrie, d'une dame américaine, accompagnée de ses deux filles, les mêmes qui tout à l'heure venaient de nous donner un échantillon de leur adresse à manier le revolver, ils les avaient suivies sur le Nil et s'adjoignant une troisième barque, montée par de jeunes Espagnols, dont ils avaient fait la rencontre, ils menaient joyeuse vie, en poursuivant leur voyage; d'une barque à l'autre, on échangeait des visites; un piano, que possédait la cange française, accompagnait les voix et faisait danser au besoin. La jalousie n'avait pas tardé cependant à se mettre de la partie : dans le commencement du voyage, les jeunes Américaines, séduites par l'élégance, la bonne mine, le bon ton de nos compatriotes, éblouies par le luxe qu'ils déployaient à bord de leur cange, penchaient de leur côté, et leurs jours se passaient, filés d'or et de soie : mais ils nous avouèrent tristement que l'Espagne commençait à prendre le dessus et que la guitare espagnole menaçait de détrôner le piano français. Je ranimai leur courage!.... et je souhaite bien sincèrement, ne serait-ce que pour l'honneur du pavillon, que l'Amérique ait baissé le sien devant le pavillon tricolore!

Après avoir devisé, pendant près de trois heures, il fallut bien se séparer.... il n'est pas de bonne compagnie qui ne se quitte, disait le roi Dagobert à ses chiens.... Ce fut, avec regret, de part et d'autre. Ils continuèrent leur route vers le Caire, tandis que reprenant notre marche de tortue, nous nous dirigions vers Keneh, où nous arrivâmes ce matin à cinq heures.

Ma main est fatiguée d'écrire et réclame impérieusement du repos. Je m'arrête donc, cher ami, et je vais faire porter cette lettre au pacha de Keneh qui se chargera de l'envoyer à Linan-Bey au Caire, et celui-ci vous la fera parvenir en Europe.

Nous allons passer le reste de la journée à parcourir la ville, qui est en fête de ce moment, et dans ma prochaine lettre je vous tiendrai au courant de la part que nous y aurons prise.

LETTRE IX.

Esneh, 9 mars.

Dans ma dernière lettre, je vous ai laissé à Keneh, vous trouverez dans celle-ci quelques détails sur cette ville.

Keneh jouit d'une certaine importance qu'elle doit aux caravanes qui arrivent de Kosseir, ou qui se rendent dans ce port; Kosseir est un port situé sur la mer Rouge, à quelques journées de désert de Keneh : cependant l'importance de cette dernière ville décroît de jour en jour, par la propension du commerce à se porter, de plus en plus, vers la basse Égypte. Cette ville est renommée pour ses bardaques, ses amphores, ses goulehs et, en général, pour toutes ces poteries, en terre grise poreuse, qui conservent la fraîcheur de l'eau.

Keneh est une ville capitale, ou chef-lieu de district : elle est sous le commandement d'un pacha et il y a une garnison assez forte. Au moment de notre arrivée une expédition se prépare pour aller forcer les tribus des cataractes à acquitter l'impôt. Ce n'est pas chose facile que le rôle de percepteur des contributions en Égypte; il ne suffit pas de lancer le papier timbré et les avertissements, il faut, le plus souvent, en venir à la force brutale pour faire entrer au trésor les revenus de l'État. La chose peut encore se faire, en Égypte, mais en Nubie, à partir de la première cataracte, il faut y renoncer.

Chaque année, des employés chargés de cette tâche difficile, vont de village en village, pour ainsi dire quêter pour le gouvernement, mais on leur rit au nez.... quand on ne fait pas pis! Il leur arrive plus souvent de revenir avec plus de meurtrissures sur les épaules, que de piastres dans leurs poches.

Enfin, un beau matin, le pacha en chef, sorte de préfet du département, se dit, en ouvrant les yeux et en détirant les bras :

« Mais il me semble qu'il y a bien longtemps que telle ou telle province n'a payé l'impôt.... Cinq ou six ans peut-être.... Oh! oh! cela ne peut pas durer plus longtemps.... qu'on arme cinq cents hommes et qu'on aille me secouer ces drôles-là! »

Immédiatement cinq cents hommes sont mis sur pied et ils partent avec ordre de détruire tout ce qui leur tombera sous la main, d'emporter les bestiaux, les chameaux, les chevaux, les céréales, de détruire les habitations et d'emmener prisonniers hommes, femmes et enfants. Voilà de terribles ordres, allez-vous me dire et une drôle de façon de faire payer les gens!... oui.... mais attendez un moment : l'armée se compose exclusivement de Nubiens.... vous pensez que ces gens, loin de vouloir nuire à leurs compatriotes, parmi lesquels se trouvent leurs familles, ont tout intérêt au contraire à ne pas exécuter les ordres qui leur sont donnés.... qu'arrive-t-il ? c'est qu'ils suivent le précepte de Boileau.... ils se hâtent lentement et laissent le temps aux villages de la province menacée de mettre à couvert ce qu'ils ont.... et quand la troupe arrive, il ne reste plus que des huttes abandonnées et quelques chiens galeux. Pour avoir l'air d'accomplir leur mandat les soldats font rage et se ruent sur ces huttes de terre.... où il ne reste rien.... puis reviennent.... les mains vides. Alors tout le monde est content : le pacha a fait preuve d'énergie, le soldat a gagné, sans coup férir, des grades et des récompenses, et la population, tranquillement réfugiée dans la montagne, laisse passer l'orage et revient ensuite dans ses foyers, ramenant ses troupeaux et rapportant ses récoltes : les demeures sont réparées, et ce n'est pas long, car elles sont toutes en terre et en pisé, et tout reprend, dans le village, son cours naturel ; en voilà pour six ou sept ans de tranquillité et c'est un nouveau bail, au bout duquel ils ne payeront pas plus l'impôt, qu'ils ne l'ont payé au bout du premier.... il y a bien eu quelques pertes en blé et en légumes, mais ils préféreraient encore perdre le double que de se soumettre à acquitter l'impôt!

Que dites-vous d'un pays où la justice est aussi bien rendue, et où l'administration est aussi bien dirigée? Si les Égyptiens n'en font pas autant, ce n'est pas la bonne envie qui leur manque.... mais ils sont trop.... poltrons et tremblent devant les pachas.

Quand un Égyptien, même dans la classe des cultivateurs aisés, voit arriver le percepteur, il commence par jurer ses grands dieux qu'il ne possède pas un para, puis il supplie, se jette à ses genoux, pleure même au besoin, jusqu'à ce que l'agent du gouvernement, fatigué de ces jérémiades qu'il sait par cœur, ait fait empoigner mon homme par ses cawas et donné flegmatiquement l'ordre de lui appliquer vingt-cinq coups de courbache sur la plante des pieds ; il faut ce paternel avertissement pour lui faire délier les cordons de sa bourse ; il veut pouvoir dire *qu'il n'a cédé qu'à la force :* cela le pose bien auprès de ses voisins. On en a vu pousser l'entêtement jusqu'à recevoir cinquante coups de bâton avant de lâcher une piastre; ceux-là jouissent alors d'une considération de première classe.

Un voyageur, passant à Fouah, gros village de la moyenne Égypte situé sur la rive droite du Nil, vit les huissiers du pays, c'est-à-dire les bourreaux, en train d'instrumenter contre un fellah récalcitrant. Les coups pleuvaient sur son échine, et il en reçut cinquante sans pousser une plainte, sans lâcher une parole, après quoi on lui rendit la liberté. Rentré chez lui :

« J'ai eu mon compte, dit-il à sa femme, mais il était temps que cela finît.... Un coup de plus, et je crachais le magot! » Or ce magot consistait en une pièce d'or, son unique richesse, qu'il tenait sous sa langue pendant l'exécution.

Mais revenons à Keneh.

La ville était en fête, comme je crois vous l'avoir dit; des soldats nubiens, d'un noir d'ébène, pauvres esclaves enlevés à leur schadouf, se pressaient autour d'acrobates et de saltimbanques... Mais je vous parle de soldats et je ne vous ai rien dit du mode de les enrôler. Encore une digression; ce ne sera pas la dernière.

Vous pouvez bien penser qu'en ce pays la conscription n'est pas connue. Cependant Mehemet-Ali avait tenté autrefois de l'introduire dans ses États; i réunit à cet effet dans son divan tous les cheiks-elbeled de la province de Galioub, et leur posa la question à peu près en ces termes :

« Tous les pays ont besoin d'une force militaire pour conserver la paix intérieure et défendre leur indépendance ; or les soldats composant cette force doivent être fournis par la nation ; toutes les provinces, toutes les classes de la société doivent fournir leur contingent d'hommes jeunes, sains et bien portants, exempts de liens qui rendent leur mort trop onéreuse à la famille. » Enfin il leur expliqua, en théorie, tout le système de recrutement suivi dans l'armée française.

Cette allocution fut couverte d'applaudissements ; les cheiks trouvèrent le système excellent, jurèrent de le propager, et, rentrés dans leurs villages, s'empressèrent d'en faire connaître les avantages à leurs administrés. Qu'arriva-t-il ? Toute la jeunesse s'enfuit dans les montagnes et ne revint que lorsqu'elle fut assurée que l'on avait abandonné le système.

Ibrahim-Pacha voulut tenter une nouvelle expérience. Un jour qu'il expliquait à des ulémas de Damas le mode de recrutement usité en France, ils le trouvèrent d'abord des plus justes et des plus ingénieux. Mais s'adressant à un des principaux personnages :

« Eh bien ! lui dit-il, puisque vous trouvez si équitable ce système de recrutement, vous qui avez cinq fils, vous m'en donnerez bien un ?

— Moi ! s'écria l'uléma épouvanté, me séparer de mes enfants ! Je n'en donnerai pas un seul. »

Il fallait y renoncer ; c'est ce qu'on fit, et l'on en resta à l'usage usité depuis des siècles et qui est bien plus simple, je vous en fais juge.

Quand on a besoin de soldats, on met en route les cawas, sorte de gendarmes dressés à la chasse de l'homme ; et voici leurs moyens d'exécution. Arrivés dans un village, ils barrent les rues avec des cordes tendues à chaque extrémité, puis se mettent à courir, chassant devant eux hommes, femmes et enfants, qu'ils réunissent comme des poissons dans un filet. Quiconque fait mine de s'évader est ramené à coups de bâton ; alors se fait le triage : on met de côté les femmes, les vieillards et les enfants, et l'on ne conserve que les jeunes gens forts et bien portants, qui sont immédiatement enchaînés par le cou, comme des galériens, et conduits devant un conseil qui les examine de nouveau et décide en dernier ressort[1].

On se procure ainsi une très-belle armée, mais à quel prix et par quels moyens ? Qu'espérer d'hommes traités comme des scélérats, traqués comme des bêtes fauves, enchaînés comme des criminels et

1. A part les supplices corporels, il n'y a pas encore si longtemps que l'on opérait à peu près de la même manière la *presse* pour la marine, en Angleterre, le pays le plus civilisé du monde, à ce qu'il dit !

qu'on fait marcher à coups de bâton! Ce soldat, malgré lui, obéit sous l'impression de la terreur, mais il déserte aussitôt qu'il peut le faire. Les Égyptiens et les Nubiens ont une telle horreur du service militaire qu'ils n'hésitent pas à se mutiler pour s'y soustraire. Il est facile de s'en convaincre, car sur vingt individus de la basse classe, vous en voyez douze ou quinze mutilés et privés d'un ou deux doigts de la main droite. Cette remarque a été faite, avant moi, par tous les voyageurs en Égypte. Le mal en était venu à ce point qu'on a dû y remédier en n'admettant pas cette mutilation comme une exemption de service. Qu'ont-ils fait alors? Ils se sont crevés un œil, et la proportion des borgnes est aussi considérable que celle des mutilés de la main. A la naissance d'un enfant mâle, la mère se charge elle-même de cette opération, aimant mieux voir son fils défiguré que soldat!

Mais à force d'errer çà et là, de digressions en digressions, j'oublie le but que je me suis proposé en commençant cettre lettre, de vous donner quelques détails sur mon séjour à Keneh. Je reviens à mon sujet.

Au moment où nous y arrivions, la ville était en fête : des cafés ambulants, des baraques en toile et en bois, des cris confus et discordants, des marchands de sucreries, de fruits, de gâteaux, tout cela présentait l'aspect d'une de nos foires des environs de Paris, et, sauf les costumes, je me crus transporté à la foire traditionnelle des *Loges*, près de Saint-Germain. Même bruit, même tumulte, même populace circulant, se poussant, se heurtant, se battant; seulement il faisait un peu plus chaud, et les acteurs, au lieu d'être blancs, avaient été passés au brun et au noir.

Montés sur nos ânes, nous avancions lentement, nous frayant un passage par le moyen ordinaire, c'est-à-dire à coups de courbache, lorsque nous arrivâmes à un café envahi par une troupe d'*almées*; la foule qui les entourait, le rire qu'excitaient leurs exercices et les marques d'approbation qu'elles recevaient excitèrent notre curiosité et nous engagèrent à entrer. On nous fit place sur une natte jetée à terre et déjà occupée en partie par quelques gros bonnets du pays, vieillards à barbe grise, accroupis sur leurs talons et qui semblaient fort émoustillés par la danse lascive de ces nymphes de l'Orient.

On nous présenta, dans de petites tasses, une liqueur détestable, chargée en poivre et en muscade au point d'emporter le palais. Nous y trempâmes nos lèvres et nous passâmes les tasses aux danseuses, qui les vidèrent sans se faire prier; puis, sans cérémonie, prirent nos cigares, qu'elles achevèrent de fumer.

La danse recommença à notre intention; mais les efforts des danseuses furent à peu près en pure perte, car, fatigués par la chaleur, aveuglés par la poussière, tourmentés par certains insectes attirés par notre chair fraîche, enfin suffoqués par la mauvaise odeur qu'exhalaient et les danseuses et le public, nous jetâmes quelque argent et nous sauvâmes au plus vite.

Au reste vous ne perdrez rien pour attendre; nous avons l'intention, à Esneh, de nous payer une représentation de la *danse des almées*, et je ne manquerai pas de vous la décrire.

En quittant Keneh, nous nous croisons avec plusieurs navires à vapeur transportant, parqués sur le pont comme du bétail, des malheureux esclaves destinés à recruter l'armée du vice-roi. L'esclavage est détruit, dit-on, en Égypte, mais à la manière dont s'opère le recrutement, que je vous ai décrite, pourrait-on jamais s'en douter?

Au lieu de ces joyeuses figures que présente chez nous un départ de conscrits, on ne voit que des mines consternées, des lèvres crispées; au lieu de chants, on n'entend que des sanglots. Si, dans notre France, plus d'un pauvre garçon de campagne part le cœur gros, regrettant une fiancée et un rêve de bonheur présent, l'avenir est devant lui; il sait qu'au bout de ses sept ans.... et quelquefois avant, il rentrera dans son village; puis, arrivé au régiment, les idées se modifient bien vite, l'ambition entre dans les cœurs, et plus d'un simple pioupiou rêve posséder dans son havre-sac ce bâton de maréchal qu'un trait de valeur peut en faire sortir comme il l'a déjà fait sortir pour quelques autres dont on cite les noms. *Rose et Fabert ont ainsi commencé!* et de nos jours nombre de maréchaux, dont quelques-uns sont même *passés rois*, suivant l'expression pittoresque des troupiers de notre premier Empire! En Égypte, rien de semblable, le pauvre fellah qu'on mène au régiment sait qu'il échange sa liberté contre un esclavage éternel; à la moindre faute, il est chargé de fers, et si parfois le souvenir du doux regard de sa fiancée lui fait commettre quelque infraction au service, le bâton vient bientôt le rappeler à l'ordre.

La chasse entre pour bonne partie dans l'emploi de nos loisirs; c'est une distraction que nous nous procurons tous les jours, soit en descendant à terre, soit en tirant, de dessus notre dunette, des groupes de pélicans qui se pavanent sur les bancs de sable.

Mon compagnon, M. de B..., fit ces jours derniers un très-beau coup de fusil. Nous étions à environ trois cents mètres d'une bande de cinq à six cents pélicans; avec une excellente carabine chargée à balles coniques, il fit feu sur le groupe : la balle, tirée un peu bas, toucha l'eau, rebondit, traversa le cou d'un des pélicans, cassa l'aile à un second et alla se perdre dans le ventre d'un troisième. Le premier frappé ne se releva pas, mais les deux autres donnèrent lieu à une poursuite acharnée ; ils nageaient et plongeaient avec toute l'énergie du désespoir, puis reparaissaient sur le sable ; enfin ce ne fut qu'après une heure de chasse que nous parvînmes à les achever.

Un de nos plus vifs désirs était d'enregistrer sur le catalogue de nos victimes la mort d'un crocodile.... cette prouesse eût *illustré* notre voyage.... Hélas ! cette satisfaction ne nous était pas réservée. Nous en avons tiré plusieurs.... nous n'avons pas touché.... la queue d'un ! L'époque était cependant favorable pour cette chasse.... le Nil était très-bas et sur de petits bancs de sable, disséminés en grand nombre, nous pouvions apercevoir de loin, chaque jour, un ou deux crocodiles, se livrant aux douceurs du repos, voluptueusement étendus au soleil.

Nous en avons tiré plusieurs, à de grandes distances — cent cinquante ou deux cents mètres environ — mais outre que le crocodile est très-plat, très-bas sur jambes et presque collé sur le sable, ce qui rend très-difficile l'action de le toucher, il faudrait encore, pour le blesser sérieusement, l'atteindre au défaut de l'épaule ou dans l'œil : à aussi grande distance ce ne pourrait être qu'un effet du hasard.

Quant à le tirer de près, c'est chose fort difficile : ce que je vais vous raconter pourra paraître surprenant, mais c'est l'exacte vérité : des sentinelles vigilantes veillent pendant le sommeil de l'animal pour le prévenir des dangers qui le menaceraient. Ces sentinelles ne sont autres que de petits oiseaux, de l'espèce de nos vanneaux, qui rôdent autour des crocodiles.... on les a surnommés *les gardiens des crocodiles*. Ils se tiennent immobiles, à environ deux ou trois mètres, et au moindre bruit, à l'approche du chasseur, ils s'envolent, en poussant les cris les plus aigus : le crocodile s'éveille et se glisse dans l'eau. Je l'ai vu.... de mes propres yeux vu!

On prétend — mais ceci je ne l'affirme pas — que ces petits oiseaux poussent la familiarité jusqu'à aller chercher leur nourriture entre les dents des crocodiles, où ils trouvent des débris de chair et de poisson; d'où le surnom qu'on leur donne aussi quelquefois de *cure-dents des crocodiles!*

Nous avons pu constater, par nous-mêmes, la vigilance de ces gardiens. Dernièrement, et avec des peines infinies, nous étions parvenus à nous approcher, à une distance convenable, de la proie que nous convoitions; après nous être traînés sur le ventre, pendant plus de cent mètres, sur un sable brûlant — après avoir traversé des passages marécageux où nous enfoncions à mi-jambes, nous touchions au but si ardemment désiré : sur un petit monticule, à environ cinquante mètres de nous, sommeillait paresseusement un crocodile : en prenant notre temps, en visant bien, le succès paraissait certain. Nous allions mettre en joue, quand tout à coup un de ces scélérats de vanneaux s'avance en sautillant de notre côté : nous restons immobiles et lui adressons nos sourires les plus gracieux pour acheter son silence.... vaines avances! il nous regarde d'un petit air moqueur, s'envole et pousse ce cri perçant qui doit avertir son ami : à ce bruit, le crocodile lève vivement la tête et se plonge dans le Nil, pas assez vite néanmoins pour échapper à l'éraflure d'une balle conique, adroitement tirée par M. de B... ; mais l'animal a la peau dure et oncques depuis nous ne le revîmes.... Maudit vanneau!

Mon compagnon est toujours enragé pour cette chasse : quant à moi, j'y renonce. Je me venge sur les vanneaux à qui je fais une guerre à outrance.

Le moyen le meilleur pour tuer un crocodile serait peut-être de commencer par détruire ses gardiens vigilants.

Il existe cependant, pour tuer cet animal, qui n'est nullement fantastique, un moyen fort simple, mais qui exige la plus grande patience : de son naturel, le crocodile est maniaque et n'aime pas à changer ses habitudes, il a cela de commun avec beaucoup d'honnêtes gens! chaque jour il vient régulièrement, à la même heure et presque toujours à la même place, digérer le repas, plus ou moins confortable qu'il a pu se procurer; on peut reconnaître, sur le sable, l'endroit auquel l'animal donne la préférence, aux traces de griffes que l'on y voit empreintes : ces marques sont profondes, peu nombreuses et se trouvent toujours à une distance de deux ou trois mètres des bords du fleuve. C'est près de cet endroit que le chasseur doit choisir son emplacement, autant que possible dans un pli du terrain : on creuse un grand trou dans le sable et l'on y entre jusqu'au cou, en s'y tenant immobile, souvent pendant plusieurs heures, car il faut précéder de longtemps l'animal, qui est malin, et se gardera bien de venir, s'il vous voit ou vous entend : si l'on a la patience de rester dans son trou, il est plus que probable que l'on tuera le crocodile.

C'est par ce moyen que monseigneur le comte de Paris — que nous avons eu l'honneur de rencontrer dans notre voyage—a pu en tirer et en tuer un.

Les heures auxquelles ces animaux viennent faire leur sieste sur le sable, sont généralement dix heures du matin et quatre heures du soir : elle dure environ deux heures.

On voit aussi quelquefois un crocodile endormi, flottant sur l'eau et se laissant aller au courant; avec d'habiles rameurs, et en ayant soin de ne pas se mettre sous le vent, on peut l'approcher de très-près : il y a quelques jours un voyageur américain brûla la cervelle, à bout portant, avec son revolver, à l'un de ces imprudents dormeurs....

Mais assez de crocodiles comme ça.... je craindrais de vous en donner une indigestion.

Le 7 nous passons devant Louksor : il y avait grande fête et une fantasia de Bédouins, autant que nous pûmes le distinguer de dessus notre dunette. Nous ne nous arrêtâmes pas, car le vent était bon et l'occasion d'avancer trop belle et surtout trop rare pour la laisser échapper.... Louksor rappela à mon souvenir le disgracieux obélisque de la place de la Concorde.

A notre passage et sur une maison blanchie à la chaux, nous vîmes arborer un drapeau tricolore.... « C'était la *Maison de France*, » nous répondit Ali — probablement le consulat, — et nous répondîmes à la politesse par un salut de notre mousqueterie, Quelques instants après, voguant à pleines voiles, nous laissions Louksor derrière nous et enfin, le 8 au matin, nous jetions l'ancre à Esnèh.

Nous n'étions pas encore amarrés dans le port que déjà une masse d'enfants, des deux sexes et de tout âge, entourait la cange, en hurlant *bakschish!* Bientôt une troupe de jeunes femmes, richement vêtues, couvertes de bijoux, vinrent s'asseoir au bord du fleuve, attendant notre débarquement.

Esneh est un point de relâche pour les barques ascendantes aussi bien que pour les barques descendantes; c'est une des villes privilégiées où le voyageur s'accorde un jour de repos et se permet quelques folles dépenses.

Le reiss nous avait demandé vingt-quatre heures pour faire le pain de l'équipage ; nous distribuâmes à chacun une bonne gratification et donnâmes à tout le monde la liberté d'aller s'amuser à terre : il ne devait rester à bord qu'Ali, notre drogman, et Amaseh, notre cuisinier arabe.

L'équipage salua de ses acclamations notre munificence, et bientôt un barbier, en quête de pratiques, apparut sur la cange et rasa lentement la tête de ceux de nos matelots qui, coquets et désireux de plaire, grillaient d'aller rejoindre sur la plage les joyeuses filles qui les y attendaient. Vêtus de leurs costumes les plus propres, la barbe parfumée, la mèche de cheveux qui surmonte leur tête artistement tressée, grâce à quelques paras et à l'adresse du Figaro arabe, nos hommes descendirent à terre, en riant et chantant—sans oublier de prendre, en passant, pour les conduire au café, les almées qui les attendaient, accroupies sur le sable.

Quant à nous, nous nous trouvions assez embarrassés de nos personnes : toute une journée à passer dans une ville qui ne demande pas plus de dix minutes pour être visitée en détail ! Il y avait bien un temple à voir.... mais notre programme ne comportait la visite des temples qu'à notre retour, et nous ne voulions pas nous en départir.

Nous errions donc à l'aventure, jetant des pierres aux chiens, des paras aux enfants, levant le voile des femmes—moins farouches qu'elles n'en ont l'air, au premier abord—quand nous vîmes accourir, de toute la vitesse de ses jambes, Ali, que nous avions expédié à l'effet de commander, pour le soir, une danse d'almées.

« En voici bien d'une autre! nous cria-t-il du plus loin qu'il nous vit, un de nos matelots vient d'être mis en prison.... vous savez, Achmed, votre favori!

— Comment, et pourquoi ?

— Voici l'affaire : il a traité de voleur le boulanger qui faisait le pain de l'équipage, en l'accusant de n'avoir pas employé toute la farine qu'il avait reçue; là-dessus le boulanger s'est fâché, lui a dit des injures; le matelot a répondu par des coups de pieds, l'autre lui a fermé la porte au nez. Achmed l'a enfoncée, ils se sont battus à outrance, une dent est restée sur le champ de bataille, et compte fait, elle appartenait au boulanger, qui l'a ramassée et, « la « preuve à la main, » a porté plainte au pacha : le matelot a été arrêté et il est maintenant en prison.

— Diable! la chose est grave, dis-je à M. de B.... Si vous voulez m'en croire, nous allons nous rendre chez le pacha; d'ailleurs c'est une manière de s'amuser tout comme une autre que de voir rendre la justice égyptienne. »

Arrivés chez le pacha, et après l'avoir demandé, un cawas nous répondit insolemment qu'il dormait!

« Va le réveiller et dis-lui que nous voulons lui parler à l'instant. »

Et comme il hésitait, je le poussai rudement : il comprit qu'il fallait obéir.

Bientôt apparut un gros poussah que je pris d'abord pour le gouverneur de la ville, mais je me trompais, car le pacha d'Esneh était alors en tournée administrative; je n'avais sous les yeux que sa *doublure*. — il s'avança de fort mauvaise humeur, se tirant les bras, rajustant ses habits et jetant sur nous un mauvais regard.

Tirant de mon portefeuille le firman dont j'étais porteur, je le mis tout d'abord sous ses yeux, sans mot dire : à la vue du sceau du vice-roi, le fonctionnaire se courba humblement, baisa le papier à plusieurs reprises, et le porta à son cœur, puis à son front, avec les marques du plus profond respect.

Pendant qu'il examinait le firman, j'eus le temps de faire le signalement de sa personne : Gros, gras, lourd, figure commune, nez énorme, planté comme un piton, au beau milieu du visage, gros yeux à fleur de tête, moustache épaisse, rabattue sur les lèvres; l'air d'un sergent-major — vingt-cinq ans de service, — ou d'un marchand de vins — vingt-cinq ans de bouteilles!

Après avoir lentement savouré et dégusté la prose de son auguste maître, il remit le firman entre mes mains, après avoir répété les singeries qu'il avait faites en le prenant, puis il me demanda le motif de notre visite.

Après le lui avoir expliqué, je le priai d'expédier à l'instant l'affaire de notre matelot, afin de ne pas retarder notre départ.

« Allah! Allah! nous répondit-il les larmes aux yeux, malgré tout mon désir de vous être agréable, il ne m'est pas possible de juger votre homme aujourd'hui.... C'est vendredi, et vous savez comme moi que ce jour-là la loi nous défend de rendre la justice! »

Je n'en savais pas le moindre mot, et il fallut qu'il m'apprît qu'en Égypte le vendredi correspondait à notre dimanche, sa boutique était fermée.

« Eh bien! lui dis-je, faites mettre notre homme en liberté, et je vous donne ma parole de remettre, à notre retour, le coupable entre vos mains, pour subir son jugement. »

Le pacha consentit gracieusement à cette demande; Achmed fut mis en liberté provisoire et s'empressa de venir nous baiser les mains, avec des transports de joie. Ce garçon ne paye vraiment pas de mine, il a un type de galérien; mais il est si prévenant, si complaisant, qu'il a su capter nos bonnes grâces. Pauvre diable! il va faire le voyage avec cette perspective agréable, de recevoir, au retour, cinquante coups de bâton.

L'affaire ainsi arrangée, il fallut prendre le café, fumer et causer avec notre gros pacha.... Nous lui devions bien cela, et nous ne nous en séparâmes qu'après l'avoir vivement remercié.

Je vais maintenant aborder un sujet assez délicat à traiter; mais comment passer sous silence un type, le seul peut-être qui ait conservé son cachet, au milieu de l'Égypte abâtardie, je veux parler des *almées*.

Les monuments égyptiens, les peintures qui recouvrent leurs murailles, conservent encore quelques traces des anciens usages, des coutumes, des habitudes de cette nation déchue de sa splendeur, tombée dans la misère, et dont les descendants végètent pitoyablement, sans rien conserver du caractère de leurs ancêtres; un seul type a survécu: telles on voit les almées dans les peintures et les sculptures d'autrefois, telles on les retrouve aujourd'hui, dans leurs poses, dans leurs gestes, dans leur costume; on revoit le caractère indiqué dans les fresques antiques; même façon de tresser la chevelure, mêmes yeux noirs, avivés par le *cohel;* il y a, pour le curieux, dans l'ensemble de ces femmes, comme un reflet lumineux de leur origine primitive.

Le Caire avait, il n'y a pas encore fort longtemps, ses bayadères publiques, comme dans l'Inde; ses courtisanes, comme dans l'antiquité. Elles parcouraient librement la ville, animaient les fêtes publiques, et faisaient les délices des cafés et des casinos. Aujourd'hui, le petit nombre d'almées qu'on y tolère encore ne peut se montrer que dans les maisons et les fêtes particulières, tout le reste a été déporté à Keneh, à Esneh et à Asouan. Les ulémas ont obtenu ce sacrifice à la pudeur.... la pudeur en Égypte, le pays le plus dissolu de l'univers! Où diable ce sentiment va-t-il se nicher?

Les almées sont généralement jeunes — c'est la condition essentielle — j'en ai vu de douze ans, j'en ai peu rencontré au-dessus de vingt-cinq.

D'où sortent ces femmes? que deviennent-elles sur leurs vieux jours? Profonds mystères que je ne me chargerai pas d'éclaircir! Elles existaient, elles existent, elles existeront probablement toujours, en vertu de cette raison, que les hommes seront toujours les mêmes. Je laisse à votre sagacité parisienne le soin de me comprendre.

J'ai fait comme tout le monde, j'ai voulu voir, j'ai vu et je vais vous initier aux mystères.

Sur la recommandation d'un ami, j'avais décidé, dans ma sagesse, qu'Esneh serait le théâtre choisi pour nous payer une représentation de ces tableaux vivants.

Ali, chargé de mes instructions, s'était entendu, à cet effet, avec une danseuse célèbre, nommée

Ousnah, bien connue à Esneh pour la perfection de sa danse.

A huit heures du soir, accompagnés de notre drogman et sous la conduite d'un émissaire, envoyé par Ousnah, nous nous mîmes en route, M. de B.... et moi.

En semblable occasion, le drogman devient presque votre égal : il partage vos plaisirs, s'assied à vos côtés, fume vos cigares, boit vos liqueurs, et se permet même quelquefois d'agacer les danseuses.... Il faut bien se résigner, il vous est indispensable pour vous faire comprendre.

Nous marchions lentement, à travers les ruelles tortueuses, tout était silencieux; quelques habitants, couchés devant leur porte, fumant le chibouk ou le narguileh, jouissaient de cette fraîcheur du soir, si douce après une brûlante journée d'Orient : des chiens, étendus çà et là, levaient indolemment la tête en nous voyant passer, et la laissaient retomber en grognant.

Après nombre de détours, nous voici enfin devant une maison en terre, d'assez pauvre apparence; un chien, couché devant la porte, s'élance au-devant de nous, comme pour nous en barrer le passage : à la voix de notre guide, il se recule, en dardant sur nous des regards étincelants de colère; on frappe à une porte basse, nous entendons retirer une barre, une femme voilée se présente et nous ouvre le sanctuaire.

En entrant, nous nous trouvons dans une cour, fort peu parée, où le pied rencontrait plus d'immondices et de débris de pots cassés, que de tapis de fleurs. Au fond un escalier, aux marches vacillantes, qui tremblaient sous nos pieds.... Les abords ne sont pas des plus séduisants, mais enfin : *Alea jacta est*; montons.

Après avoir gravi une quinzaine de marches, nous arrivâmes à une petite terrasse, donnant sur la campagne; à gauche se présente la porte de la salle où doit se passer la cérémonie. Nous y entrons.

Le sanctuaire est loin d'être élégant : le sol en terre battue, recouvert d'un mauvais tapis, les murailles, sans papier, et dans un coin une fenêtre.... ou pour mieux dire une lucarne qui, même en plein jour, doit projeter peu de lumière; à droite, dans une encoignure, une petite table ronde chargée de verres et des bouteilles de rhum et d'araki[1], que nous avons eu le soin d'envoyer à l'avance.... Çà et là des pipes et des narguilehs; deux branches de cuivre, fixées à la muraille, supportent des bougies; de grossières images coloriées, faites à la main, sans perspective ni dessin, sont collées sur les murs.

Nous entrons, et tout le monde se lève; les musiciens ont l'air de présenter les armes, avec leurs

1. Voir page 39.

burlesques instruments; les almées, au nombre de huit à dix, viennent baiser nos mains et se groupent ensuite à nos pieds et à nos côtés. C'était un composé de tous les tons de la palette, où le noir s'unissait au jaune, le bistre au brun foncé.

Ousnah, la reine de céans, nous fait l'accueil le plus empressé. Elle s'assied à nos côtés, et se prête à l'examen le plus détaillé de sa personne et de son costume, qui était ravissant. Une veste, en satin cerise, dessinant sa taille, sans cependant la serrer à l'excès, était boutonnée jusqu'à la naissance de la gorge, qu'elle laissait entrevoir, sous un fichu transparent de gaze rose. Cette veste n'était pas tellement adhérente à la ceinture que l'œil ne pût suivre, quand Ousnah dansait, les ondulations de sa taille; le pantalon, en satin cerise, comme la veste, flottait en larges plis, soutenu par une écharpe vert et or; un tarbouch, brodé, surmonte sa chevelure tressée; sur ses épaules, ruisselle littéralement une pluie d'or, formée de sequins, suspendus à des fils de soie; des bagues chargent ses doigts, des bracelets entourent ses jambes et ses bras.

Ousnah peut avoir de vingt-cinq à trente ans.... On ne peut pas dire qu'elle soit précisément jolie, mais si ses dents ne sont pas des perles, ses yeux sont les plus beaux du monde, son nez se recourbe un peu, en bec d'oiseau de proie — signe caractéristique — menton rond, bouche ordinaire; signes particuliers : une cicatrice à la joue droite, tatouée d'une étoile bleue sur le front, de trois barres vertes au menton.... Au demeurant Ousnah est très-bien faite et déploie, dans tous ses mouvements, une grâce vraiment féline.

La connaissance fut bientôt faite, et lorsque nous eûmes désigné celles que nous désirions voir danser, les autres se retirèrent.

Les almées ne sont pas farouches : elles fumèrent nos cigares, burent notre rhum et notre araki. Ousnah surtout se faisait remarquer par sa passion pour cette dernière liqueur.

Tout à coup un bruit épouvantable vient déchirer nos oreilles.... ce sont les musiciens qui se mettent d'accord.... d'accord! les misérables! ce mot jure avec leurs instruments! Figurez-vous des espèces de violons, de la forme la plus extravagante, recouverts en peau de baudruche, sur laquelle on promène les cordes d'un archet, garni de crins de cheval, et, pour accompagner, ces sortes de tambourins que je vous ai déjà décrits et qui portent le nom de daraboukahs.

Alors s'avancent les almées : au troisième doigt et au pouce de chaque main sont fixées de petites cymbales, grandes comme des castagnettes : les danseuses se mettent en mouvement.... d'abord très-lentement et sur un rhythme presque plaintif, puis elles s'animent : leurs talons frappent le sol, pendant que les bras levés en répètent la rude secousse; les hanches frémissent d'un mouvement voluptueux ; la taille apparaît nue sous la mousseline, dans l'intervalle de la veste et de la riche ceinture relâchée : à peine au milieu de leur tournoiement rapide peut-on distinguer les traits de ces séduisantes personnes.

Le ballet était terminé : Ousnah allait exécuter ce qu'en termes de chorégraphie on appelle « un pas seul. »

Elle se met d'abord en haleine, en répétant quelques-uns des pas que venaient d'exécuter les comparses, puis saisissant un verre plein d'araki, elle le place au milieu de la chambre.

Alors commence un exercice des plus extravagants. Elle danse autour du verre, en lui lançant des regards d'une ardente convoitise.... puis elle détourne la tête...., pour ne pas succomber à la tentation.... mais ce diable de verre a le pouvoir fascinateur du serpent sur l'oiseau, et attire doucement sa victime.... entre les deux paupières demi-closes de la danseuse, brille un regard de convoitise.... peu à peu le cercle qu'elle trace autour du tentateur se rétrécit de plus en plus, elle vient presque jusqu'à l'effleurer de sa jupe.... et s'en éloigne avec effroi.... puis elle tombe à genoux.... rampe en s'en approchant.... et le touche presque des lèvres....

ses bras l'entourent amoureusement, les cymbales se taisent.... elle va le saisir.... mais la raison revient et, par un brusque mouvement, elle se redresse vivement et se rejette en arrière, les reins cambrés, immobile et haletante! Le même pas se répète à deux ou trois reprises.... Elle succombe enfin et saisissant le verre.... elle le vide d'un seul trait.... l'ivresse commence.... les pas se succèdent plus rapides.... les gestes deviennent presque convulsifs.... enfin elle s'affaisse sur elle-même, vaincue par la fatigue. Je ne connais pas le nom de cette danse, dans la langue du pays, je l'ai baptisée : *la tentation!*

Ousnah avait été charmante, de verve, de grâce et de vérité : notre enthousiasme était à son comble, et lorsque, triomphante, elle vint incliner devant nous son front encore humide, nous nous conformâmes avec grand plaisir aux traditions les plus pures du Levant, en appliquant sur ce front nombre de pièces d'or. N'allez pas, cher ami, nous taxer d'une folle prodigalité, je me hâte de vous dire qu'il y a des pièces d'or, nommées *ghazzis*, depuis cinquante centimes jusqu'à.... C'est naturellement avec les plus petites que nous fîmes un masque d'or à la charmante danseuse.

Le temps marchait, et, pour clore la séance, Ousnah exécuta devant nous la danse la plus renommée dans le pays.... *la danse de l'abeille.*

Cette danse est tout un drame.... qui se dénoue ou ne se dénoue pas.... à la volonté du spectateur.

L'intrigue est fort simple : une jeune fille se promène.... une abeille la prend pour une fleur et veut se poser sur sa bouche.... effroi de la jeune fille qui cherche à éloigner l'insecte audacieux ; l'abeille s'arrête, revient à la charge.... alors commence une chasse acharnée.... plus la jeune fille cherche à la déloger, plus l'abeille s'obstine à rester et cherche, pour se dissimuler, les retraites les plus charmantes.... enfin cédant au désespoir.... l'enfant appelle à son secours quelque voyageur obligeant : c'est là que s'arrête la pantomime.

Tel est le thème de la scène qui s'exécuta sous nos yeux : la plume est impuissante à en retracer les détails.... je me contenterai de vous dire que dans cette scène, comme dans la précédente, Ousnah fut ravissante.

Les bougies s'étaient peu à peu consumées, leur flamme vacillante ne jetait plus que de pâles reflets, l'obscurité devenait plus profonde. Ali nous reconduisit au Nil.

Le lendemain, quand nous nous réveillâmes, nous voguions à pleine voile, la cange était déjà loin d'Esneh....

Nous avions fait un rêve !

LETTRE X.

A bord de la cange, mars.

La chaleur commence à devenir assez forte : depuis le 9 de ce mois, nous avons 40 à 42° à l'ombre, et le thermomètre accuse au soleil 69 à 72°. Nous ne descendons presque plus à terre : couchés sur nos divans, nous restons assoupis une partie de la journée; ce n'est que le soir qu'il est possible de travailler.

Les céréales sont partout en pleine maturité.... quelques orges sont déjà coupées : le seigle et le blé commencent à l'être. Rien de plus monotone que le spectacle que nous avons eu sous les yeux depuis notre départ : de quelque côté que se porte la vue, à droite, à gauche, toujours la même rive, plate et sans aucun accident de terrain.... à part Cheik-Saïd ou le Djebel-Kisseïr, et, de temps à autre, un petit bois de palmiers qui dressent leurs maigres têtes, comme des plumeaux au vent.... enfin quelques huttes de terre, où l'on craindrait de mettre un chien et qu'habitent cependant des créatures humaines. Pour toute distraction, nous avons le grincement des *sakies* et le chant des esclaves qui font manœuvrer les *schadoufs*.

Le mode d'irrigation, sur les bords du Nil, est encore le même aujourd'hui qu'il était du temps des Pharaons : les sakies et les schadoufs, qu'on employait à cette époque, n'ont fait aucun progrès, et l'on peut s'en convaincre en consultant les gravures anciennes, qui montrent des temples sur les bords du fleuve.

La schadouf est un instrument des plus simples et des plus primitifs et cependant des plus utiles. Pendant l'expédition d'Égypte, la commission scientifique a pu constater qu'un esclave, au moyen de la schadouf, élève près de cinquante litres d'eau, par minute, à une hauteur d'environ trois mètres : ce résultat surpasse la force ordinaire d'un homme en Europe.

Quant à la sakie, c'est simplement une roue à godets, très-grossièrement faite, et mise en mouvement par des bœufs : cette roue procure un rendement cinq fois plus considérable que celui de la schadouf.

Nous arrivons à Asouan où nous comptons passer au moins une journée : avant notre départ je vous mettrai au courant de nos faits et gestes dans cette ville : nous avons l'intention d'inviter à notre table le pacha de ces lieux, et j'espère que cette visite fournira à ma lettre des éléments de couleur locale.

P. S. J'allais fermer ma lettre lorsque je m'aperçois que je ne vous ai pas fait part d'un grand malheur qui est venu nous frapper ! Gott, notre pauvre Gott, notre charmante chatte, notre fidèle compagne, a disparu depuis quelques jours ; impossible de remettre la main dessus.... j'hésite encore à la taxer d'ingratitude.... et cependant.... elle était chatte.... Amour tu perdis Troie.... Quelque chat riverain serait-il parvenu à la séduire ?

Depuis le jour néfaste où ses ronrons ont cessé de charmer nos oreilles, depuis que *son couvert* n'est plus mis sur la table, nous sommes plongés dans la tristesse.... Ingrate ! nous qui nous efforcions de te rendre la vie si douce, comment as-tu pu nous quitter ? Je clos ma lettre sur ce triste sujet.... donnez quelques larmes à Gott !

LETTRE XI.

Asouan, 17 mars.

Nous voici à Asouan, et ce n'est pas sans peine que nous l'avons atteint : le vent contraire nous a fait mettre huit jours à un chemin que, dans des conditions favorables, on parcourt en deux ou trois. Nous marchions fort péniblement, avec un vent *debout*, lorsqu'à deux lieues d'Asouan, et grâce à la disposition d'une chaîne de montagnes, il changea subitement et devint *arrière;* la voile se gonfla, la cange s'inclina et fendit gracieusement les flots....

Aux approches d'Asouan, le paysage prend des proportions gigantesques : les bords du Nil se resserrent et présentent un aspect sauvage : des blocs énormes de granit et de basalte coupent le fleuve, dans tous les sens, et forment des îlots, sur lesquels vient se briser, en écumant, la vague jaillissante. Le panorama a changé subitement : on se trouve tout à coup encaissé, à droite par une montagne de sable et de poussière granitique, au sommet de laquelle se trouve le tombeau de Cheik-Ali, à gauche par les masses de granit rosé et des colosses de basalte. Ce n'est pas sans une certaine impression que j'ai vu notre barque virer de bord au milieu de ces rochers, formant autant d'écueils menaçants. La nuit tombait, le vent soufflait avec violence, des tourbillons de sable nous aveuglaient, l'eau bouillonnait autour de nous et quelquefois la dent pointue d'un rocher apparaissait à la surface et disparaissait bientôt sous la vague écumeuse.

Un coup de barre, maladroitement donné, fit toucher la cange, qui rendit un gémissement plaintif, racla le rocher, puis s'enfonça profondément dans le sable. Heureusement il n'y avait pas d'avaries graves, et, à l'aide de crocs et de cordes, une heure après nous étions amarrés en sûreté dans le port d'Asouan.

Le lendemain, 16 mars, nous sommes allés rendre visite au gouverneur. Il était absent, mais nous trouvâmes chez lui le pacha d'Esneh qui nous accueillit fort gracieusement : nous lui communiquâmes notre firman et il nous fit ses offres de services. Nous pûmes nous convaincre, en causant assez longuement avec lui, que c'était un homme du monde : il a, en Égypte, le rang de colonel.

Le café fut offert, comme d'usage, alors tirant à grand'peine du fond de sa poche une petite boîte en fer-blanc, il l'ouvrit avec précaution et nous la présenta gracieusement. Cette boîte renfermait quelques petits morceaux de sucre et une cuiller d'argent microscopique.

« Vous autres Européens, me fit-il dire par Ali, vous ne prenez pas votre café sans sucre.... veuillez en accepter. »

Je sucrai mon café, et après l'avoir remué, je remis la cuiller à un cawas qui la rendit au pacha : après l'avoir essuyée, il la remit dans la boîte et fit entrer le tout dans le gouffre d'où il était sorti. Retirant ensuite de ses lèvres le chibouk, à bouquin d'ambre, orné de diamants, il me l'offrit, après l'avoir soigneusement essuyé : un des gens de la suite du pacha en fit autant pour mon compagnon.

Nous devisâmes ainsi pendant une bonne heure : il ne tarissait pas en questions sur la France et sur Paris, qu'à son grand désespoir il ne connaissait que de nom.

Après nous être séparés, avec toutes les salutations d'usage, nous reprîmes le chemin de la cange. Notre reiss, qui décidément est un vil coquin, nous attendait pour nous faire part d'une difficulté qui, disait-il, se présentait pour le passage de la cataracte. Le prix avait été convenu à l'avance avec lui et réglé à la somme de trois cents francs. « Le chef des cataractes, nous dit-il d'un air piteux et les larmes aux yeux, refuse de faire passer la cange, parce que la saison est trop avancée et qu'il n'y a plus assez d'eau. »

La chose paraissait vraisemblable et j'eusse ajouté foi à ses paroles, s'il n'avait complété sa pensée, en me conseillant de nous rendre, nous-mêmes, avec tous nos bagages, à dos de chameau au-dessus de la première cataracte, et que là il louerait, à ses frais, une cange beaucoup plus petite, qui nous permettrait de remonter jusqu'à la seconde cataracte.

Connaissant par expérience la probité du pèlerin, je flairai quelque filouterie, et je reconnus en effet, après avoir examiné la chose, que l'expédient lui procurerait un bénéfice d'environ dix guinées; puisque sur les douze dont nous étions convenus, il en dépensait à peine deux pour la location d'une cange qu'il armerait avec son propre équipage.

Ce transbordement d'une cange dans une autre, où nous serions probablement encore plus mal, dérangeait d'ailleurs mes projets; ce n'était pas par terre, c'était en bateau que je voulais monter et descendre les cataractes : il y a dans ce passage — qui n'est pas sans danger — un plaisir mêlé d'émotions.... et j'adore les émotions en voyage!

Avant de donner au reiss aucune solution, je me rendis chez le pacha, que je trouvai chez lui et qui m'accueillit à merveille.... toujours grâce au bienheureux firman. Il fit appeler notre reiss, et envoya chercher le chef des cataractes. En présence de ce dernier, le reiss fut convaincu de mensonge : j'aurais pu le faire bâtonner.... mais je remis la chose à une autre occasion.... qu'il ne manquera pas de me fournir bientôt.

Il fut donc convenu avec le chef des cataractes que dès le lendemain nous tenterions le passage.

Au reste je devrais presque me féliciter de la mauvaise foi de notre reiss ; elle m'a procuré le plaisir de faire la connaissance du gouverneur d'Asouan qui est un charmant homme, s'exprimant assez bien en français et dont l'obligeance nous fut d'un grand secours.

Enchantés de trouver dans les pachas d'Esneh et d'Asouan des gens polis et bien élevés — chose rare dans le pays — nous voulûmes les avoir à dîner et les priâmes d'accepter, sans cérémonie, l'hospitalité à notre bord — ce qu'ils firent d'un air très-satisfait — et rendez-vous fut pris pour le soir même à sept heures.

Heureux et fier d'un honneur qui rejaillissait en partie sur lui, Ali, notre majordome, se mit en quatre pour recevoir dignement des hôtes aussi illustres : toute la journée se passa à balayer, à secouer les nattes, à battre les coussins, à chasser les mouches, etc. Dans son désir de bien faire, il commit bien quelques bévues — et fit baigner les cornichons dans l'huile, tandis qu'il arrosait les sardines de vinaigre — mais à part ces deux erreurs culinaires, tout marcha pour le mieux.

Sept heures sonnaient quand nos hôtes, précédés par leurs cawas, mirent le pied sur la cange. Aussitôt le pavillon ottoman fut arboré et flotta, amicalement, à côté du pavillon français, tandis qu'une pièce d'artifice, d'une forme pyramidale et confectionnée avec beaucoup d'art, par les soins de M. de B.... lui-même, s'élevait dans les airs et annonçait au peuple que l'Europe et l'Asie allaient, le verre à la main, fraterniser ensemble !

Le dîner était excellent ; Amaseb, notre cuisinier, s'était piqué d'amour-propre pour traiter les pachas ; le dindon était rôti à point ; les poulets étaient presque gras et la crème au chocolat n'était qu'à moitié tournée.

Au commencement du repas, nos hôtes se montrèrent assez gênés ; le couvert était mis à la mode d'Europe, et peu accoutumés à l'usage des chaises, ils étaient fort embarrassés de leurs jambes qu'ils cherchaient vainement à reployer sous eux : puis ces cuillers dont ils ignoraient le maniement, ces couteaux, ces fourchettes.... toutes choses entièrement inconnues pour eux ; ils nous suivaient des yeux dans tous nos mouvements, cherchaient à imiter nos gestes, et — faut-il l'avouer — nous nous pincions les lèvres pour ne pas rire de leurs gaucheries. L'un prenait sa viande avec les doigts et la piquait sur sa fourchette qu'il portait ensuite à sa bouche, tandis que l'autre, faisant inversement, piquait les morceaux puis les prenait avec la main et les mangeait.

Après de vains efforts, ils durent y renoncer, et, prenant pitié de leur embarras, nous fûmes les premiers à les engager à revenir à leur habitude, c'est-à-dire à la fourchette du père Adam. Je vous atteste qu'ils réparèrent alors le temps perdu, et c'était plaisir que de leur voir dépecer avec les doigts les viandes et les volailles.... heureusement que la table était abondamment servie et qu'il nous fut permis de manger d'une manière un peu plus propre.

Quant à boire, ils buvaient sec et souvent, aussi, dès le second service, il arriva ce qui arrive d'ordinaire, les langues se délièrent, la gaieté devint générale, et l'on parla un peu de tout : religion et politique ; sérail et bal de l'opéra ; décadence de la cuisine et de l'empire d'Égypte, enfin supériorité de la cuisine française. Le pacha d'Asouan, qui parlait français, faisait avec Ali l'office d'interprète, si bien que le pacha d'Esneh ne perdait pas un mot de la conversation et riait tout seul, un quart d'heure après les autres, des plaisanteries qui avaient été faites.

Je dois vous avouer une ruse vaniteuse dont je m'étais avisé pour sauver l'honneur du pavillon : notre cave n'était pas riche en vins d'espèces différentes.... une seule espèce, assez potable, il est vrai, composait tout notre avoir (cachet vert, deux francs la bouteille, acheté au Caire). Grâces aux cires de toutes les couleurs, dont je revêtis les goulots, nous pûmes décorer ces vins des noms les plus pompeux et les faire boire à nos convives pour des produits des plus hauts crus du Bordelais et de la Bourgogne.... ils n'y virent que du feu : la quantité faisait oublier la qualité et, sur les neuf heures, arrivés au dessert, nos hôtes avaient la langue épaisse et ne se souvenaient guère, je vous jure, du précepte du Coran, qui proscrit les boissons alcooliques.

Je vais vous faire une confidence — n'en parlez pas aux dames. — Ces braves pachas trouvaient tout naturel de se livrer à un exercice — généralement peu admis dans la bonne compagnie — et de nous envoyer au visage des bouffées de certain air chaud pas du tout parfumées.... mais ils faisaient cela avec un tel air d'abandon et de béatitude, qu'il n'y avait pas moyen de se fâcher.... je me suis laissé dire qu'il en est de même en Espagne ; d'où le proverbe : « Viva la España, para la porqueria. »

On apporta les pipes et le café, et la séance fut close par un immense bol de punch qui eut tous les suffrages de nos convives ; à onze heures ils se retirèrent, légèrement émus et criant : « à moi la muraille ! » escortés de leurs cawas, qui ne se tenaient pas beaucoup plus droits sur leurs jambes.... Ali avait suivi nos ordres et les avait largement abreuvés.

Pourvu que dans leur route il ne leur arrive pas malheur ! je serais désolé d'avoir deux pachas sur la conscience.

Sur ce je ferme ma lettre ; nos fanaux sont éteints ; mon compagnon dort déjà du sommeil du juste ; nos matelots reposent, étendus sur le pont.... moi seul je veille encore pour vous écrire.... et je tombe de sommeil.... bonsoir.... demain au point du jour nous appareillerons.

LETTRE XII.

Ouadeh-Alpheh, 26 mars.

Nous voici au terme de notre voyage. Si je jette un regard en arrière, je vois la basse, la moyenne et la haute Égypte, bien loin derrière moi ; j'ai traversé la Nubie et me voici à la Nubie supérieure, à *trois cents* lieues d'Alexandrie, à *mille lieues* de Paris.

Que faites-vous en ce moment, cher ami? que font ceux que j'aime? C'est une pensée qui vient souvent à l'esprit du voyageur, alors que seul et découragé il se reporte à ces temps où, entouré d'amis, il ne se promenait que dans des livres, au coin de son feu. Il y a des moments, en voyage, où l'on se trouve bien seul, où l'on se repent presque de s'être mis en route, où l'on rêve au bonheur du retour, à ce moment où l'on fait vœu de rester chez soi jusqu'à la mort.... et puis l'on repart quinze jours après; l'homme est ainsi bâti.

N'allez pas croire au moins, d'après cette boutade, que je sois découragé le moins du monde.... bien loin de là.... j'ai encore tout le feu sacré.... c'est à présent que va commencer le pittoresque du voyage; nous avions réservé pour le retour la visite des temples et des monuments semés sur les bords du fleuve.

Au moment où j'ai fermé ma dernière lettre, nous nous disposions à franchir la première cataracte, et ce passage est assez intéressant pour que je vous en dise quelques mots.

La première cataracte, ou plutôt les premières cataractes — car il n'y a pas à proprement parler une seule chute, ce ne sont guère que des rapides — se trouvent à environ une lieue et demie d'Asouan.... Hier encore, nous étions en Égypte, et pourtant le pays a si complétement changé d'aspect qu'on s'en croirait à cent lieues.

On quitte une côte plate et sans aucun cachet, les bords du Nil couverts de moissons dorées et de petits pois déjà verts.... C'est d'un vulgaire à vous croire dans les plaines de la Beauce.... mais, tout à coup arrivé à la première cataracte, le spectacle change, comme par un coup de baguette. De tous côtés l'image du chaos, des blocs de granit, de basalte, de syénites, semés pêle-mêle au beau milieu du fleuve. Plus de moissons, plus de verdure. C'est à peine si un maigre mimosa privé de feuilles montre de loin en loin sa tête dénudée avant l'âge. Un bruit sourd dans le lointain, des rafales de vent, des tourbillons de sable brûlant arrivant du désert, des flots d'écume tombant à bord, des vautours et des milans, planant au-dessus de vos têtes en poussant des cris aigus.... et le soleil se couchant à l'horizon dans un disque sanglant, tel est le spectacle saisissant et sublime qui se déroule à vos yeux, en sortant de la gorge formée par le fleuve, et au fond de laquelle se cache le village d'Asouan.

Laissant derrière nous l'île de Philée, nous la visiterons plus tard, nous arrivons aux premiers rapides formés par les cataractes.

A cet endroit la cange s'arrête pour prendre à bord le chef des cataractes. Le passage, à la descente, est assez dangereux pour nécessiter la connaissance parfaite des écueils cachés dans le lit du fleuve. Aussi la garde en est-elle confiée à une tribu bédouine, chargée spécialement de faire monter et descendre les barques qui s'aventurent dans ce saut périlleux.

Pour monter la cataracte il n'y a aucun danger, il suffit d'un câble en parfait état et solidement amarré au rivage. Le passage dure plusieurs heures, et voici comment on l'effectue :

Un câble de quinze à vingt centimètres de diamètre est solidement fixé à l'avant de la cange : cinquante à soixante hommes s'attachent après et tirent ensemble, pendant que cinquante ou soixante autres, perchés, qui sur les écueils, qui sur les rochers, poussent la barque, la soulèvent sur leurs épaules, la font glisser sur les écueils et la dirigent, tant bien que mal, au milieu des remous et des tourbillons que forment les courants et la chute des eaux.

Les hommes qui font ce dur métier sont des Nubiens, d'une force et d'une agilité surprenantes. Ils sont nus et se lancent intrépidement dans les *chutes* les plus dangereuses ; le courant les entraîne, ils disparaissent dans des flots d'écume, et vous les voyez reparaître à cent mètres plus loin, regagner le rivage et revenir, en sautant de rocher en rocher, vous demander : « Bakchish.... » J'ai même vu des enfants de dix à onze ans se livrer à ce dangereux exercice avec une facilité qui me faisait honte, à moi qui me pique d'être assez bon nageur et qui n'osais pas en faire autant.

Beaucoup de bruit, beaucoup de cris, cent cinquante nègres à l'état de nature, grouillant dans un torrent, voilà tout l'intérêt qu'offre le passage de la cataracte.... Quant au danger, il ne serait réel que si le câble venait à casser.... Oh ! alors.... mais il ne casse jamais.

Votre vie ne tient qu'à un fil, mais à un fil de vingt centimètres d'épaisseur !

Encore une scène de Mustapha, notre incorrigible reis, qui discute pour le payement des hommes qui ont travaillé pour faire passer la cange.... Enfin le calme se rétablit, grâce à quelques bakchishs dont nous faisons encore les frais.

De la première à la seconde cataracte, le pays prend un aspect nouveau. Les plantations deviennent de plus en plus rares sur les rives, et c'est à peine en certains endroits si, sur une largeur de deux mètres, il y a un espace cultivé. Au delà, des chaînes de montagnes abruptes et rocailleuses, ou le désert ; peu à peu la végétation disparaît tout à fait, le désert envahit tout et vient s'abreuver jusqu'au Nil : plus aucune trace de vie.... De loin en loin une petite oasis où végètent quelques palmiers et quelques doumes, dont la silhouette élancée se dessine sur un fond rouge ardent.... puis la végétation reparaît pour disparaître de nouveau.... et le tableau se répète jusqu'à Ouadeh-Alpheh, lieu extrême où s'arrête la cange et qu'elle a grand'peine à atteindre. Les écueils se multiplient aux abords et les rochers montrent leurs dents aiguës. A cette époque de l'année, la navigation est des plus difficiles et n'est pas sans dangers ; la manœuvre est rude et pénible ; l'eau est si basse qu'à chaque instant la barque menace de ne pouvoir plus marcher.

Si l'aspect du pays a totalement changé, de leur côté les habitants sont complétement métamorphosés ; plus de ces pauvres fellahs à l'aspect misérable, abrutis par la tyrannie, opprimés par des maîtres inexorables, épuisés par des exactions de toutes sortes. Au lieu de cette race humiliée et tremblante, tendant le dos aux coups de bâton, comme le mouton tend la gorge au couteau, voici un peuple à la stature élevée, au regard fier, aux formes élégantes, à la démarche assurée ; la peau est plus foncée, mais sous cette enveloppe noire bat un cœur noble et libre. Ces gens-là ne craignent pas de vous regarder en face, et, tout en conservant un grand respect pour les Européens, ils les traitent comme des égaux et non comme des maîtres. Tel est le Nubien dans la Nubie.

Plus d'un voyageur a failli payer cher la faute d'avoir méconnu la différence qui existe entre un Égyptien et un Nubien, et d'avoir voulu agir à coups de courbache envers le premier, comme il était accoutumé d'en user avec le second. En Nubie, la courbache est un instrument qu'il ne faut lever que sur les chiens. Un coup donné à un Nubien ne restera pas sans vengeance. L'Égyptien courbe le dos sous les coups, sans mot dire ; le Nubien répond par un coup de couteau. Si un Égyptien levait la main sur vous, vous pourriez le tuer comme un chien, personne n'y trouverait à redire. On m'a cité, entre autres, un Américain (et le mode d'agir de cette nation rend la chose vraisemblable) qui avait tué un homme inoffensif à coups de revolver ; il en fut quitte pour deux mille francs qu'il paya à la veuve.... Elle se sera remariée, en priant le Prophètequ'il en arrive autant à son second!

Les Nubiens sont admirablement faits : leurs formes, un peu grêles peut-être, sont très-élégantes, les femmes surtout sont relativement des types de beauté achevée.

Le costume est d'une simplicité presque primitive. Les hommes portent un caleçon en calicot, et quelquefois un morceau de même étoffe jeté sur l'épaule ; le plus souvent ils ne portent rien. La coiffure consiste en un petit bonnet de coton de forme ronde, à peu près comme la calotte de nos enfants de chœur. Les femmes ne se voilent pas le visage, et, loin d'éviter les regards, elles semblent les provoquer et sont ravies qu'on les examine. Elles ont pour tout vêtement un pantalon flottant, en toile blanche; le buste est entièrement nu, et la poitrine, affranchie de cet affreux corset qui la déforme en Europe, se présente hardiment dans toute sa fermeté. Ici rien de menteur, on ne connaît que la vérité, et les magasins de maillots feraient promptement banqueroute. Ici l'homme marche dans la force de sa liberté, à l'état de nature, il est vrai, mais une nature puissante. Ici les contours sont moelleux, les chairs sont fermes, et l'on retrouve ce cachet qui tend à disparaître chaque jour dans la race européenne par les abus de la civilisation.

Il y a bien à cela le revers de la médaille, et l'on verrait avec plaisir la vieillesse des deux sexes porter un costume un peu moins décolleté. Je serais aussi ravi de voir supprimer une mode de pays qui ne m'a pas séduit du tout. Figurez-vous que toutes les femmes, vieilles et jeunes, jolies et laides, se percent la narine droite et y mettent un anneau de cuivre, d'argent ou d'or, suivant la fortune et la position sociale de la propriétaire du nez; et notez bien que ce n'est pas un anneau mignon, j'en ai vu qui avaient bel et bien la dimension d'un bracelet, et pesaient un tel poids que le nez, comme celui du P. Aubry, inclinait vers la tombe. Cet ornement est le complément obligé de la toilette, et une jeune fille se passerait plutôt de son pantalon que de son anneau. Il se perd cependant quelquefois, — pas le pantalon, mais l'anneau, — et alors si elles ne peuvent en acheter tout de suite un autre, elles ajustent à la narine un petit morceau de bois qui en tient lieu.

Je vous ai dit que les Nubiennes étaient fort peu farouches, et, en effet, lorsque nous descendons à terre, soit pour chasser, soit simplement pour nous dégourdir les jambes, et que nous arrivons à un village, tout le beau sexe accourt à notre rencontre, qui avec leurs enfants qu'elles portent à cheval sur l'épaule, qui seules ou en compagnie de parentes, et toutes demandent le bakchish, non pas de cet air honteux et mendiant des fellahs, mais le sourire aux lèvres. C'est une manière comme une autre d'entrer en conversation avec vous.... Quand je dis conversation, je m'avance un peu trop, je ne sais pas le moindre mot de nubien ; mais, pour nous divertir, nous laissons quelquefois le drogman dans la cange, et, munis d'un petit dictionnaire de poche, nous parvenons, mon compagnon et moi, à écorcher quelques mots de la langue. Rien de plaisant comme de nous voir entourés de quinze à vingt indigènes, le cou tendu, les yeux grand ouverts, cherchant à donner quelque sens aux sons baroques que nos gosiers émettaient; et quand nous parvenons à faire, tant bien que mal, comprendre quelques mots, alors ce sont des cris de joie et des rires à faire revenir un mort!

L'autre jour j'étais allé à la chasse; j'avisai près de moi une charmante enfant de treize à quatorze ans au plus; la nature lui avait déjà prodigué ses trésors; je la voyais de trois quarts : à ses pieds était une amphore; elle venait de puiser de l'eau et se reposait un moment; le soleil couchant dorait de ses rayons ce beau corps, à la peau souple et luisante; à ses côtés un doume projetait une grande ombre qui s'étendait au loin. Tout cet ensemble — bien simple cependant — formait un ravissant tableau ; je regrettais vivement de n'avoir pas mes crayons pour l'esquisser, et je restais en contemplation pour tâcher de fixer dans mon esprit cette scène que j'aurais voulu pouvoir reproduire, avec ces richesses de ton et ces variations de teintes qui ne se rencontrent qu'en Orient, et que *Marihlat* a su si bien mettre en œuvre dans des tableaux que je me rappelle avoir admirés dans la riche galerie de M. Alexis R..., à Paris[1].

Je fis un mouvement, et l'enfant, détournant la tête, fixa sur moi deux grands yeux noirs plus doux que le velours, et, s'approchant doucement, elle détacha de son cou un collier de verroterie, retira de ses poignets mignons des bracelets de cuivre, et déposa le tout à mes pieds en murmurant : « Bakchish » d'un ton si triste, que j'en fus vraiment touché ! Pauvre petite ! c'était là sans doute tout ce qu'elle possédait, sa parure favorite.... mais elle avait besoin d'argent.... peut-être, au prix de ce sacrifice, espérait-elle pouvoir épouser celui qu'elle aimait !

1. C'est avec un vif plaisir et un sentiment profond de reconnaissance que je saisis cette occasion d'adresser mes remercîments à M. Alexis R.... pour la manière toute gracieuse avec laquelle il a bien voulu m'accueillir dans son aimable famille.

M. R.... est cet amateur généreux qui vient, tout récemment, de *faire cadeau* au musée du Louvre d'un des plus beaux tableaux de Decamps, *les Chevaux de halage*. Les musées impériaux ne possédaient aucune œuvre de ce célèbre peintre, si prématurément et si malheureusement enlevé à l'art et à ses amis, par une chute de cheval, au mois d'août 1860.

Je lui rendis bracelets et collier; je les replaçai moi-même à ses poignets et à son cou; elle me laissa faire tristement, pensant que je refusais son offrande.... Mais, quand j'eus mis dans sa main les quelques piastres qui se trouvaient dans ma poche, elle éclata en transports de reconnaissance; elle me prit la main, la baisa et la mit sur son cœur; nous ne pouvions nous parler, mais dans ce langage muet il y avait, chez elle de la reconnaissance, chez moi une douce joie de l'avoir inspirée!

Je lui fis signe que je désirais boire: aussitôt elle souleva son amphore, et l'appuyant sur son bras gauche, pendant qu'elle la maintenait de la main droite, elle me la présenta à hauteur des lèvres, attendant mon bon plaisir. Je me rappelai le tableau d'Horace Vernet, *Rébecca à la fontaine.* J'admirais en silence cette pose gracieuse, cette joie naïve, ces formes ravissantes et cette pudeur dans la nudité; elle rougit sous mon regard, baissa les yeux, et, sur le signe que je lui fis, elle s'éloigna sans dire mot. Je la suivis longtemps des yeux; elle marchait à pas lents, la tête baissée, et je ne quittai la place que lorsque je l'eus vue disparaître.

Dans aucune de mes lettres je n'ai fait mention, et pour cause, de la coiffure des Égyptiennes; à part les almées, je n'ai pas vu une seule femme la tête découverte. Si vous êtes curieux de connaître la coiffure nubienne, je puis vous satisfaire; elle est d'ailleurs assez bizarre pour mériter d'être décrite. Les cheveux sont nattés en une infinité de petites tresses à deux brins dont je n'exagère certainement pas le nombre en le portant à douze ou quinze cents. Ces tresses ne sont pas faites avec toute la longueur des cheveux ; ceux-ci sont repliés sur eux-mêmes pour faire plus de volume et former des boudins de la grosseur du petit doigt sur une longueur de vingt centimètres environ. Chaque natte pend autour de la tête — excusez cette comparaison vulgaire — comme des petits cierges d'un sou qu'on pendrait par leur mèche, et elles en ont de plus la dureté et la solidité. Les cheveux disparaissent sous une épaisse couche de poussière et de pommade, et on a peine à les distinguer. Cette pommade, puisque j'ai dit pommade, est un composé mixte d'huile de ricin, de graisse de buffle fondue et de sciure de bois de sandal. Vous voyez que le parfumeur qui l'a inventée n'a pas fait grands frais d'imagination. De ces trois corps distincts, amalgamés ensemble et soigneusement triturés, on compose une pâte, ou plutôt un mastic dans lequel on enveloppe les cheveux qu'il s'agit d'orner. Toutes les tresses sont faites une à une. Vous pouvez donc juger du temps qu'il faut, dans ce pays, à une femme pour se coiffer. Quand une jeune fille se marie, une vieille matrone est chargée de cette grave opération, et elle y met quelquefois plusieurs jours ; mais la coiffure dure longtemps. Tant qu'une femme est mariée, tant qu'elle n'est pas répudiée ou que son mari n'est pas mort, elle se garde bien de toucher à sa coiffure; des années, quelquefois la vie tout entière, se passent sans qu'elle s'en occupe. Les coiffeurs feraient de tristes affaires en Nubie, et Tascher[1] (de La Rochefoucauld) y déploierait en vain son éloquence de Figaro. Quand une femme perd son mari, alors seulement elle trempe sa tête dans un baquet d'eau chaude et parvient ainsi à décoller ses nattes; puis, en signe de deuil, elle se couvre les cheveux de cendre et reste dans ce bel état jusqu'au jour où, convolant en secondes, troisièmes ou quatrièmes noces, elle subira de nouveau l'opération de la coiffure.

Jusqu'au jour de leur mariage, les jeunes filles laissent leurs cheveux pendre sur leurs épaules, et tant qu'elles ne sont pas nubiles, elles ne portent pas d'autre vêtement que le *ratt*, espèce de ceinture formée de lanières de cuir, ornées de petits coquillages : elles ceignent leurs reins de ce caleçon inique et souvent même ne portent rien du tout.

En Nubie tous les hommes sont armés; aux pieds du travailleur qui tire de l'eau avec sa shadouf, vous voyez sa lance et son bouclier; l'armure est du reste peu élégante et peu dangereuse, mais elle se.

1. Coiffeur célèbre, place de la Bourse, successeur de l'illustre Décandia, le roi des blagueurs!

complète par un sabre suspendu à l'épaule gauche, et, à l'épaule droite, un poignard fixé dans sa gaîne, arme dont ils se servent avec beaucoup de dextérité; le bouclier, de forme ronde et à grands bords, est généralement fait de peau de crocodile ou d'hippopotame.

Je reprends mon journal de voyage.

Le 24 mars, nous arrivions à Ouadeh-Alpheh, petit village enseveli sous un bois de palmiers, au milieu du désert. A l'ouest une chaîne de montagnes de grès s'étend presque jusqu'au rivage, tandis qu'à l'est l'œil se perd dans une immense plaine de sable.

Dans le village que nous avons visité, les maisons diffèrent un peu de celles que nous avons vues jusqu'à ce jour. Plus de portes continuellement ouvertes, plus de cours entourées de mauvaises palissades en jonc et en branches de palmier; les portes sont toutes fermées au loquet; un mur de briques protége les cours: c'est que les habitants ont pour voisins les tigres et les léopards, et souvent, dans le silence de la nuit, retentit la voix terrible du lion.

Hier, 25 mars, nous sommes allés visiter les secondes cataractes; les canges ne peuvent les remonter faute d'eau, et les voyageurs qui désirent pousser plus loin leurs explorations doivent prendre la voie du désert, qui est la plus courte et vous conduit un peu au-dessus de la quatrième cataracte, à Abou-

Hamed, où vous retrouvez le Nil. Quand on prend ce parti, il ne faut pas aller jusqu'à Ouadeh-Alpheh, d'où il ne part pas de caravanes, mais s'arrêter un peu au-dessous de *Korosko*, près de *Derr*, où vous rencontrez les caravanes apportant les produits du Soudan. La saison était trop avancée et le temps consacré à notre voyage trop limité pour nous permettre d'aller plus loin que les secondes cataractes.

Revenons à notre excursion du 25. Dès le matin nous enfourchions les baudets qui devaient nous porter sur le rocher élevé d'où l'on domine la chute du Nil. On y parvient après deux heures de marche au milieu d'un désert où les seules traces d'animaux vivants sont quelques piquets de gazelles; à droite, à mi-chemin, se trouve une petite chapelle en ruines, autrefois consacrée au culte chrétien, et qui ne sert plus aujourd'hui que d'abri aux chameaux des cataractes ou de repaire aux bêtes fauves. On y remarque encore quelques vestiges de peintures saintes, mais le tout en si mauvais état, si obstrué de sable, qu'à peine pûmes-nous pénétrer dans cette chapelle. Nous marchions depuis deux heures sous un ciel de feu, et le temps commençait à nous paraître long; nos ânes enfonçaient dans le sable jusqu'aux genoux ou glissaient en trottant sur les roches. Huchés sur des espèces de cacolets en bois fort peu rembourrés, nous faisions assez piteuse mine.

Enfin nous arrivons, nous voyons.

Je renonce à vous décrire l'aspect imposant du magique panorama qui se déroulait sous nos yeux, il mériterait une plume plus expérimentée que la mienne.

Perchés sur le sommet d'un énorme rocher qui s'élève à pic et domine le fleuve, à nos pieds nous voyions les rapides et nous entendions leurs sourds mugissements; à gauche, la Nubie; à droite, l'Abyssinie. Sur la rive ouest où nous étions, le désert; en face, sur la rive est, une végétation luxuriante, des mimosas, des palmiers en fleurs; puis, au fond du gouffre, des masses de syénite noire; sur les bords, du porphyre grossier.

Nous ne pouvions nous lasser d'admirer cet imposant spectacle, et nous hésitions à nous en séparer; il fallut cependant bien s'y résigner, et nous opérâmes la descente dans le lit même du fleuve en traversant des bancs d'un sable jaune doré. Nous cassâmes quelques pierres pour emporter un souvenir de cette journée mémorable, et, jetant un dernier regard en arrière, nous reprîmes le chemin de la cange, qui appareillera demain au point du jour pour nous ramener au Caire. *Vale et me ama.*

LETTRE XIII.

A bord de la cange, 26 mars.

Nous voilà à la moitié du voyage, cher ami, et en route pour revenir au Caire, encore sous l'impression du sublime spectacle que nous avons eu hier.

Maintenant que j'ai assez pratiqué l'Égypte pour pouvoir en parler en connaissance de cause, permettez-moi de vous communiquer quelques réflexions sur les voyageurs qui visitent ce pays et sur les voyages en général; j'espère que vous ne trouverez pas ma digression déplacée, et elle charmera mes loisirs pendant quelques moments.

Il y a différentes façons de voyager. En général, le touriste arrive en Égypte avec des idées préconçues; il a lu certains ouvrages, il s'est pénétré des idées qu'il y a trouvées, il s'est créé un pays fantastique; puis l'imagination a brodé là-dessus, a revêtu de brillantes couleurs les sites décrits dans les livres; en agissant ainsi, on se prépare bien des désillusions et l'on risque de gâter son voyage; ou bien on se berce de l'idée qu'on exécutera une excursion en Orient aussi facilement qu'un voyage en Europe; on rêve de trouver en Égypte le confortable des pays civilisés : des hôtels dans toutes les villes, des lieux de plaisirs, enfin la vie et l'animation là où ne règne que la monotonie.

Pour le voyageur qui a parcouru avec toutes ses aises la Suisse et l'Italie, un voyage en Égypte se présente sous l'aspect d'une série d'excursions faites sous un ciel toujours bleu, à l'ombre de forêts de palmiers; au milieu de peuplades aux mœurs empreintes d'un caractère original qui donne du piquant au paysage. Amère déception, quand il a vu de près le peuple qu'il avait rêvé; quand, au lieu de ces vêtements de soie dont il l'avait généreusement revêtu, il ne voit autour de lui que des hommes couverts de haillons repoussants et infects; quand, arrivé dans un village, au lieu de coquettes maisons, il ne trouve que des huttes de terre; quand, pour visiter les pyramides ou tout autre débris de la grandeur égyptienne, il lui faut chevaucher à baudet, pendant deux ou trois heures, sous un soleil brûlant, sans eau, sans ombrage, aveuglé par la poussière et dévoré par les moustiques!

Alors, passant d'un extrême à l'autre, il n'aspire qu'à quitter cette terre mensongère; les beaux rêves s'évanouissent, et il prend presque en haine l'objet de son amour passé : pour lui, ce ciel d'une pureté lumineuse a perdu son mérite; ces bruits étranges et mystérieux du soir cessent de toucher son cœur, et les monuments mêmes perdent à ses yeux le caractère sacré qu'il leur avait prêté; ce soleil qu'il avait rêvé, ces antiquités qu'il brûlait de contempler, ce peuple au milieu duquel il voulait vivre, ne lui inspirent plus que du dégoût : il veut s'en éloigner à tout prix, son voyage est manqué.

D'autres voyageurs, au contraire, se passionnent avec une facilité désespérante. Enthousiastes de la couleur locale, ils poussent son amour jusqu'à l'exagération; pour eux l'Égypte est tout : « Qui n'a pas vu l'Égypte est indigne de vivre ! » Ils tombent en extase devant la moindre pierre et s'inclinent respectueusement devant un hiéroglyphe. Dieu vous préserve d'un semblable compagnon de voyage! A chaque instant il vous assassinera d'observations banales, il voudra vous imposer ses idées, vous reprochera votre froideur et votre absence de goût, enfin deviendra pour vous un importun moustique, qui vous harcèlera de ses piqûres et gâtera le charme de votre voyage.

Il ne sait pas un mot de turc ou d'arabe, et s'empresse d'adopter le costume du pays, espérant sans doute qu'avec la robe et les babouches, il s'assimilera la langue; il se modèle sur les gens du pays, imite leurs coutumes, et, malgré la gêne qu'il éprouve, il ne veut plus que s'accroupir; non content du chibouk, il lui faudra le narguileh, dût-il s'époumoner à le fumer; un peu plus il renoncerait à toutes les coutumes d'Europe pour n'être qu'un musulman mauvais teint, raillé de ceux qu'il veut imiter, insupportable à ses compatriotes.

Dieu merci! je n'appartiens ni à l'une ni à l'autre classe de ces voyageurs: j'avais peut-être, en arrivant en Égypte, des illusions que je n'ai plus; mais, à mon avis, elle ne mérite

Ni cet excès d'honneur, ni cette indignité.

Au demeurant, je ne croyais pas trouver la terre promise et je ne regretterai pas les fatigues que j'ai éprouvées pour visiter les belles choses que j'ai vues.

Quant à mon compagnon, je puis dire que j'ai été vraiment favorisé: M. de B.... est un charmant *socius;* ses velléités d'enthousiasme restent dans des bornes raisonnables, et d'ailleurs il ne cherche pas à les imposer au voisin; il a de l'instruction, et ses appréciations n'en ont que plus de valeur; ses remarques sont justes et offrent toujours de l'intérêt; pour conclure, en un mot, si jamais vous venez en Égypte, je vous souhaite un semblable compagnon de voyage.

— Fin de la digression, puissiez-vous ne l'avoir pas trouvée trop longue !

Le 27 mars, ennuyés de notre captivité sur la cange, nous pestions contre les vents contraires qui nous retardaient dans notre marche, et désireux de visiter ces temples et ces monuments gigantesques qui attirent chaque année en Égypte des milliers de voyageurs, nous résolûmes de faire halte à Farras.

En vain Murray nous disait-il que cet endroit offrait peu d'intérêt, en vain notre drogman confirmait-il ce dire, nos jambes étaient engourdies par le repos.... et nous avions soif d'antiquités.

Nous voici donc partis, armés de gros souliers et de guêtres de chasse, munis du marteau et du ciseau qui doivent détacher de la muraille quelque hiéroglyphe, souvenir de nos hauts faits ; rien ne manquait, ni le crayon pour retracer les fresques, ni le carnet pour recevoir les impressions philosophiques.... ou autres..., ni le mètre pour mesurer les édifices..., ni l'album qui doit en emporter le croquis..., tout était au complet.... Nous sommes en route !

J'avais bien remarqué qu'Ali surveillait d'un certain air narquois nos préparatifs de départ ; mais je n'y avais pas fait grande attention, le sachant très-gai de son naturel.

Nous traversons d'abord les ruines d'un village où s'élèvent encore quelques huttes, habitées par des indigènes et situées au milieu d'une mer de sable, coupées par des buttes plus ou moins élevées, aux flancs desquelles s'accrochent des tamarins battus par le vent et brûlés par le soleil.

Nous marchions depuis une heure, dans un sable brûlant qui nous grillait les pieds, quand, à notre gauche, se présente une sorte de caverne, dont l'entrée, à moitié obstruée, avait environ deux pieds de haut : nous sommes arrivés « au monument. »

« Eh quoi! fis-je étonné, est-ce là tout?

— Oh! non, monsieur, ceci n'est qu'une grotte.... nous allons voir le temple.... »

Visitons donc la grotte : elle se compose de trois chambres, qui se suivent; dans chacune d'elles est une cavité affectant la forme d'un sarcophage.... Sur les murs quelques inscriptions insignifiantes, à terre des ossements, du sable jusqu'à mi-jambes, une société fort peu agréable de lézards, d'araignées et de chauves-souris que notre apparition met en émoi et qui poussent des cris aigus en nous frôlant le visage de leurs vilaines ailes gluantes.... Voilà ce que j'ai vu.... j'étais volé; et pour ma consolation, dans une grotte voisine et en tout à peu près semblable, je trouvai inscrit le nom d'un voyageur qui avait subi le même désagrément en 1824. Je ne veux pas me faire son complice et je ne livrerai pas ce nom à la postérité.

La nouvelle de notre arrivée s'était répandue dans le village, et, ravis d'une bonne fortune — qui n'était pas commune, — quelques enfants s'étaient empressés d'accourir, et, guidés par eux, nous arrivâmes à un amas de débris de poteries et de briques : c'était le temple.

Je demeurai ébahi, cherchant autour de moi une colonne quelconque.... mais Dieu!... rien qu'une borne de granit, en tout semblable aux bornes kilométriques, gisant à terre, et un chapiteau mutilé enfoui dans des monceaux de briques!

La déception était complète : il ne nous restait qu'un parti à prendre : c'était de retourner à la cange.... ce que nous fîmes honteux et confus, jurant, mais un peu tard, qu'on ne nous y prendrait plus! Croiriez-vous que M. de B.... voulait emporter une pierre en souvenir de cette.... humiliation!

Profitez de mon école, ô vous qui me lirez, et gardez-vous de vous arrêter à Farras!

Nous remîmes à la voile et le lendemain nous arrivions à Ferrayg.

Le 28 au matin, nous étions encore couchés, quoiqu'il fût près de huit heures, lorsque Ali, frappant discrètement à notre porte, nous prévint que nous étions arrivés au temple de Ferrayg.

J'ouvris un œil à demi.... mais, ébloui par les rayons du soleil, il se referma aussitôt.... Prenant mon courage à deux mains, je sautai hors du lit et mis le nez à la fenêtre : devant moi s'élevait une haute montagne abrupte et d'une pente excessivement rapide : c'était le Gebel-Addeh, au pied duquel était amarrée la cange; à mi-côte, une ouverture rectangulaire, haute de six pieds, large de deux, qu'Ali me dit être la porte donnant accès au temple...; Pendant qu'il me parlait, je le regardais de côté, me souvenant de notre expédition de la veille.... Sa mine était rassurante, et d'ailleurs nous étions si près du monument que la fatigue n'était pas grande pour aller jusque-là.

Nous voici donc en route : sans faire aucun des préparatifs de la veille et conservant même nos babouches, nous escaladons la montagne.... La chose n'était pas aussi facile que nous le pensions, et il nous fallut quelquefois nous mettre à quatre pattes et nous accrocher aux rochers, pour parvenir jusqu'à la porte d'entrée, qui se trouve à mi-côte.

Ce temple présente peu d'intérêt : il se compose d'une salle principale, ornée de quatre colonnes d'un style assez grossier; à droite et à gauche deux autres salles forment la croix avec la première; au fond une autre chambre, où se trouve un puits à moitié comblé. Dans l'angle, à droite de la salle du milieu, une cavité creusée dans le roc semble avoir servi de fonts baptismaux lorsque le temple fut transformé en chapelle chrétienne.

Les peintures et les sculptures primitives ont été entièrement mutilées par les chrétiens : la perte n'était pas grande, à en juger par quelques vestiges grossiers qui en restent. Au plafond l'on peut encore voir très-distinctement une figure du Christ, la main étendue et semblant prêcher quelque parabole, et tout à côté l'image d'un saint, tenant à la main la couronne du martyr : ses pieds sont placés sur un bûcher dont les flammes, d'une couleur vive, sont assez bien conservées.

Nous étions parvenus à monter, mais il fallait redescendre, et avec nos babouches la chose était des moins faciles.... Ma foi, nous prîmes notre parti, et, au grand détriment de nos culottes, nous nous laissâmes glisser en bas, sur une partie de notre individu que je vous laisse à deviner.

Nous allions nous mettre à table, alléchés par la vue d'un savoureux riz au lait, lorsque Ali vint nous prévenir que plusieurs indigènes malades venaient implorer le secours de notre science.

Aux yeux des habitants de ces contrées tout étranger doit être un médecin.... Le rôle me gênait bien un peu ; mais, me rappelant le fameux morceau de fromage de Sganarelle, dans le *Médecin malgré lui*, je résolus de jouer bravement le rôle qui m'était imposé.

« Faites entrer les malades, » dis-je à Ali d'un ton déjà presque doctoral; et, donnant à M. de B.... le rôle principal, je me contentai de celui d'assistant.

Une femme entra d'abord, portant entre ses bras

un affreux petit moricaud dont les membres faibles et débiles attestaient les ravages de la fièvre.

Comme mus par un même ressort, nous tirons à la fois nos deux montres, et, prenant chacun un des bras de l'enfant, nous lui tâtons le pouls, en comptant les pulsations : toute l'âme de la mère semblait passée dans ses yeux, qu'elle tenait fixés sur nous, attendant notre décision avec la plus grande impatience.

« Cet enfant a la fièvre dit enfin gravement M. de B....

— Une fièvre de cheval dis-je en lâchant la main sale de cet affreux moutard.

— Si nous lui donnions du quinine ?

— Avec tout le respect que je vous dois, je pense que ce serait tuer cet avorton qui n'est pas de force à supporter un tel médicament, et, sauf meilleur avis, il faut un breuvage plus doux....

— Un breuvage *secundum formulam*, d'accord; mais quel sera ce breuvage?...

— Tout bonnement quelques cuillerées de lait édulcorées de sucre et dans lesquelles nous répandrons quelques gouttes de cette liqueur divine.... et je lui montrai une bouteille de fleurs d'oranger.... le remède est bénin, et, s'il ne guérit pas le malade, il ne pourra du moins aggraver la maladie. »

Ali nous écoutait bouche béante, admirant le sérieux et l'air convaincu avec lesquels nous nous acquittions de notre rôle ; il traduisit la prescription à la Nubienne, qui semblait nous dévorer des yeux, et lorsque la potion fut prête, je l'approchai doucement des lèvres de l'enfant, qui la trouva fort à son goût et l'avala sans sourciller, à la grande satisfaction de la mère, qui nous baisait les mains avec reconnaissance. Elle partit convaincue que son fils ne manquerait pas de guérir promptement : puisse son espoir s'être réalisé !

Le second cas qui se présenta à nos lumières était moins facile à juger : le patient était un homme de trente ans environ, dont le bras avait été dénudé et labouré par l'explosion d'un pistolet qui avait éclaté dans sa main ; il n'avait pas trouvé d'autre remède que d'appliquer sur la plaie un cataplasme de terre et de bouse de vache. Depuis vingt jours que l'événement était arrivé, il n'avait pas changé le pansement, je vous laisse à juger de l'état de la plaie ! Nous la fîmes soigneusement laver, mais c'est tout ce que nous pûmes faire, car la blessure aurait exigé les soins d'un chirurgien.... peut-être même l'amputation était-elle nécessaire.... Nous déclinâmes la responsabilité, en conseillant au pauvre diable de tâcher d'aller consulter un chirurgien au Caire.... c'était lui conseiller l'impossible ; mais, avec la meilleure volonté du monde, nous ne pouvions pas faire autre chose.

Le troisième et dernier malade était un vieillard

atteint d'ophthalmie et déjà presque aveugle : nous lui donnâmes une fiole d'un collyre que nous avions pour notre propre usage. Je doute fort qu'il lui fasse recouvrer la vue.... Nous avions fait tout ce que nous pouvions : « à l'impossible nul n'est tenu. »

Ces pauvres gens quittèrent la cange en nous donnant des marques de la plus vive reconnaissance, et ce ne fut pas sans tristesse que nous les vîmes s'éloigner sans pouvoir leur procurer un soulagement plus efficace ; en y réfléchissant, leur conviction me paraît bonne : tout voyageur devrait être quelque peu médecin.... et pensez que, dans tout le cours du Nil, depuis le Caire, il n'y a pas un seul docteur ; que des populations entières sont abandonnées à elles-mêmes ; que la routine est forcée de suppléer à la science.

J'ai vu un Bédouin faire avec son couteau une entaille dans l'écorce d'un arbre vénéneux et boire de la liqueur laiteuse qui en sortit, juste assez pour se purger, sachant fort bien qu'une goutte de plus l'aurait empoisonné. Un autre Bédouin, ayant reçu un coup de sabre dans le désert, appliqua sur la blessure de la chair de chameau froide, et il guérit. Le fait le plus étonnant que l'on m'ait raconté est celui-ci, je le rapporte sans le garantir :

Un Turkoman voyageant avec sa femme dans le désert, celle-ci tomba de chameau et se démit la jambe. Que fit notre homme? Il lia sa femme sur un mulet maigre, dont à force d'orge et d'eau, à défaut de soufflet, il fit gonfler le ventre.... par ce moyen la jambe de la patiente subit une telle tension, qu'elle se remit d'elle-même.

« Que dites-vous du moyen? »

En continuant toujours à descendre le Nil, nous arrivâmes le 29 à Abousambil.

On y trouve deux temples, tous deux situés sur la rive ouest du fleuve : l'un est fort grand, l'autre de proportions plus modestes et aussi d'un genre entièrement différent.

Le plus grand des deux, creusé dans le flanc d'une montagne, affectant tout à fait la forme d'une brioche qu'on aurait étêtée, est orné à l'extérieur de quatre grands colosses taillés dans le grès de la montagne; ils ressortent sur la façade du temple et lui donnent un aspect des plus imposants.

Ces statues colossales, dont le visage calme et serein respire la majesté, vous font éprouver une émotion qui explique le pouvoir qu'elles exerçaient sur des esprits frappés de leur divinité et de leur puissance.

Pour vous donner une idée de leurs proportions, je vous dirai que leur hauteur totale, non compris le piédestal, est de soixante-six pieds : chaque oreille mesure trois pieds et demi; le temple a de quatre-vingt-dix à cent pieds d'élévation.

Assises depuis trois mille ans sur leurs fauteuils de pierre, elles regardent couler le Nil à leurs pieds, les mains tranquillement appuyées sur leurs genoux dans leur immuable dignité.

L'une d'elles cependant a subi les outrages du temps ou plutôt la barbarie des hommes ; elle est à peu près démolie : c'est la première, à gauche de la porte d'entrée ; il ne lui reste plus que les deux jambes.... mais quelles jambes !

Les deux autres, à droite, sont très-bien conservées, du moins je le présume, car il serait difficile d'en juger complétement, attendu qu'elles sont en partie enfoncées dans un sable jaune qui les recouvre comme un linceul : l'une des deux, ensevelie jusqu'à la ceinture, semble se complaire dans ce bain ; l'autre est cachée jusqu'au menton, ce qui a permis aux voyageurs qui m'ont précédé d'atteindre sa figure et de la tatouer en tous sens des noms les plus baroques : au reste, le dieu s'y prête avec une bonne grâce paternelle, et la friabilité du grès permet au touriste de se payer un peu de postérité.

On pénètre dans l'intérieur du temple par une porte qui a dû être très-élevée, mais qui, vu l'obstruction du sable, vous force maintenant à baisser la tête pour entrer; au-dessus de cette porte est sculpté le portrait de la divinité à laquelle était dédié le temple : c'était le dieu Rhée. En entrant dans le monument on est frappé du coup d'œil qui s'offre à la vue : à droite et à gauche, une rangée de divinités coiffées de bonnets en forme d'éteignoir, hautes de six à sept mètres : toutes représentent Osiris avec ses différentes attributions.

Ces statues, au nombre de huit, sont placées dans une grande salle à laquelle succède une autre salle, soutenue par quatre piliers carrés et à laquelle on accède par un péristyle flanqué d'une chambre de chaque côté. Huit autres chambres s'ouvrent sur la grande salle, mais elles sont très-irrégulièrement creusées : dans quelques-unes se trouvent des bancs dépassant les murailles.

Au nombre infini de noms de toutes sortes qui sont gravés sur les murailles et en bien d'autres places, il est facile de juger que le point important pour les visiteurs n'a pas été d'examiner le temple, mais de laisser une trace de leur passage ; cette manie donne lieu à des exclamations dans le goût de celles-ci :

« Tiens.... Jenny Lind ! M. P.... serait-ce par hasard mon ami Paul ? il ne m'a jamais dit être venu ici.... Ah ! voici le nom d'Alexandre Dumas.... celui de Murray.... etc., etc.... »

Mais la chose principale qui préoccupe le touriste, c'est de chercher si ses prédécesseurs lui ont laissé quelque fragment un peu remarquable à emporter comme souvenir de sa visite. On cogne à droite, on cogne à gauche, on s'éreinte pendant une heure ou deux à travailler à la séparation, soit d'un nez, soit d'un œil, puis le ciseau se casse sur la pierre rebelle, on fait maladroitement voler en éclats le morceau désiré. Aussi, dans tous les coins, trouve-t-on des têtes mutilées, des peintures lacérées.... D'autres, plus heureux, finissent par enlever quelques morceaux à peu près intacts et se composent ainsi un petit musée qui atteste de leur vandalisme!

Au reste, que gagnerait-on à témoigner à ces monuments un respect que tant de gens ont déjà outrageusement violé, que tant d'autres violeront encore, quand des gouvernements eux-mêmes, allez voir au *British Museum* en Angleterre, ont enlevé des tablettes entières d'hiéroglyphes et de peintures pour les mettre dans leurs musées?

Pendant que j'examinais les dessins représentant les victoires de Rhamsès, mon compagnon me faisait le petit raisonnement que je viens de vous rapporter, tout en charpentant la barbe du premier Osiris de droite..... Quand il eut fini sa besogne, il m'appela et me montra, en riant, mon nom qu'il venait de sculpter sur la face vénérable de la divinité. Forcé de passer ainsi à la postérité malgré moi-même, j'éprouvai un sentiment de pudeur et je me retirai dans la chambre du fond : là, quatre messieurs fort laids étaient assis devant une table de pierre : c'était un quatuor de dieux du temple, en partie mutilés : à l'un il manque un nez, à un autre un œil.... à tous il manque quelque chose.

Comme avec irrévérence
Parle des dieux ce maraud !

Je pris un croquis de ce temple, et nous allâmes visiter l'autre qui se trouve à quelques pas plus loin.

L'aspect de ce dernier est entièrement différent : six colosses d'environ six mètres de hauteur, rangés en file, comme des soldats au port d'arme, coiffés d'une sorte de casque que je ne puis mieux comparer qu'à des bonnets de coton la mèche en l'air, sont confinés dans des espèces de loges où ils doivent, ma foi, bien s'ennuyer depuis le temps qu'ils y sont !

L'intérieur de ce temple n'a rien de remarquable, ni comme sculptures, ni comme peintures.

Ces deux temples étaient entièrement obstrués par le sable : la première personne qui s'en occupa fut M. Burckhardt ; puis vinrent Belzoni, les capitaines Irby, Mangles et M. Beechey, qui les ont visités et les ont déblayés.

Continuant notre route descendante, nous dépassons *Ibrim*, qui n'offre aucun intérêt. Situé sur une haute colline, commandant le fleuve aussi bien que la route de terre, sa position stratégique avait une certaine importance du temps des Romains ; elle est nulle aujourd'hui.

Dans le roc, au-dessous de l'emplacement où se trouvait l'ancienne ville, on remarque quelques petites grottes avec des peintures et des inscriptions, parmi lesquelles les noms de Toutmosis I et III, d'Amenophis II et de Rhamsès II ; tout cela est dénué d'intérêt pour le touriste qui ne s'occupe pas de l'histoire ancienne de l'Égypte, et nous n'y prêtâmes qu'une médiocre attention.

Le temple de *Derr* n'offre par lui-même rien de bien intéressant ; et sauf, le temple d'Abousámbil, nous n'avons jusqu'ici rien vu de véritablement curieux.

Derr est la capitale de la Nubie : dans cette ville, située à une petite distance, au sud d'Hassaya et sur la rive opposée, il ne reste que les ruines d'un temple mutilé qui existait au temps de Rhamsès.

J'ai remarqué que tous les temples, entre les deux cataractes, excepté ceux de *Derr Ibrim* et *Farras*, sont situés sur la côte ouest du Nil.

Dans ce temple de Derr, on trouve quelques sculptures en fort mauvais état.... les traces d'une bataille, dont il ne reste que quelques roues de chariots, quelques jambes de chevaux et des figures informes. Le temple est taillé dans le roc à une profondeur de cent dix pieds environ.

Quelques heures de navigation nous amènent devant Hassaya, où nous trouvons le temple d'Amada.... Mais assez de temples pour aujourd'hui, je craindrais de vous en donner une indigestion et je sens que je pourrais en avoir une moi-même.

À demain la suite de mon récit.

LETTRE XIV.

A bord de la cange.

Je vous ai laissé hier sur le seuil du temple d'Amada.

Situé sur le bord du fleuve à cinq minutes de distance de la rive, ce temple n'offre, comme architecture, rien de bien curieux; nous l'avons visité, et la seule chose qui mérite une mention est une salle dans laquelle se trouvent des peintures d'une conservation si parfaite qu'on dirait que l'artiste y a travaillé la veille. Les sujets sont de l'hébreu pour les gens qui, comme moi, ne sont nullement versés dans l'art de déchiffrer les hiéroglyphes, et cependant, faut-il le confesser? entraîné par le mauvais exemple, j'ai cherché à ravir à la muraille un petit bœuf Apis, dont les couleurs vives, la silhouette nettement dessinée, le relief bien accusé, avaient tenté ma convoitise, et que je voyais déjà figurant à la place d'honneur dans ma petite collection de souvenirs de voyage. Je le voyais placé derrière les glaces de ma vitrine, achevant paisiblement ses jours dans mon petit appartement, au milieu des hommages et des compliments que ne pouvaient manquer de lui attirer sa grâce et sa beauté. Certes la position était meilleure que la condition de vivre, seul et isolé, dans le coin obscur d'un temple abandonné.

Ces réflexions tranquillisèrent ma délicatesse et dissipèrent peu à peu mes scrupules; je me mis hardiment à l'ouvrage, opérant avec toutes les précautions désirables. Depuis une heure je grattais la muraille, à l'aide d'un marteau démanché et d'un vieux couteau ébréché, lorsque, ô douleur! une fente se déclare de la corne droite à la cuisse gauche et partage en deux morceaux mon pauvre bœuf Apis.... J'en aurais pleuré, mais il n'y avait pas de remède, le morceau se détacha et avec lui tomba mon espoir.... et mon beafsteak.... en perspective.

Voulez-vous avoir un échantillon de ces peintures murales? croyez-moi, le plus sûr moyen est de l'acheter aux indigènes, qui ont tout le temps de commettre à leur aise ces déprédations.... et qui ne s'en font pas faute.

On attribue l'état de conservation de ces peintures au soin qu'avaient pris les chrétiens de les recouvrir d'un mortier, lorsqu'ils transformèrent la plupart des temples païens en monuments de leur culte.

Nous avons fait il y a quelques jours une tentative qui n'a pas eu de succès : nous voulions tuer quelques gazelles, dont nous avions remarqué les *piquets*, longeant les bords du fleuve, mais ces légères filles du désert sont très-capricieuses, et c'est en vain que nous les avons attendues le soir.... elles n'ont pas reparu. Nous avons été plus heureux avec les perdrix du désert; je reviens sur mon dire.... elles existent : le soir, au coucher du soleil, elles ont l'habitude de venir boire au fleuve; leur chant les trahit, et nous avons pu en garnir abondamment notre broche. Ces perdrix sont un peu plus petites que celles de France, leur plumage est plus fauve et leur fumet plus fin, c'est un fort bon manger, et je le préfère de beaucoup aux oies d'Égypte, qui ont une certaine réputation auprès des gourmets.... ces estimables téléopodes ne sont cependant pas sans mérite.

Je m'arrête sur ces détails culinaires et remets à demain le plaisir de continuer à m'entretenir avec vous.

LETTRE XV.

A bord de la cange, avril.

Nous avançons toujours.... mais piano, pianissimo : il ne se passe pas d'heure sans que la cange ne s'engrave; les matelots barbotent comme des canards, pour la faire glisser sur les bancs de sable dont la route est semée.... Hier nous avons failli nous embourber tout à fait, et ce n'est que grâce à la vigueur de l'équipage que nous avons pu remettre la barque à flot.

Le Nil est un fleuve très-capricieux : nous confiant à son apparence trompeuse, nous nous engageons quelquefois dans des impasses, dont il est ensuite fort difficile de sortir.... notre coquin de reiss devrait cependant bien le connaître, mais je le soupçonne de vouloir éprouver notre patience en allongeant notre route!

Mais ne disons pas de mal du Nil, nous avons encore besoin de lui et craignons sa vengeance, telle qu'il la fit éprouver à Rhamsès, fils de Sésostris. Le Nil avait débordé hors des époques ordinaires, et menaçait l'Égypte d'une stérilité générale. Rhamsès, saisi d'une colère aussi stupide que celle de Xercès, qui faisait battre les flots de la mer, lança son javelot contre le fleuve : la punition ne se fit pas attendre, et sur-le-champ il fut privé de la vue.... du moins à ce que prétend l'histoire !

Puisque nous en sommes sur le sujet du Nil, je veux vous dire quelques mots de certaines cérémonies qui ont lieu, lors de « la coupe du kalisch » ou, pour m'exprimer plus clairement, de l'ouverture du canal qui traverse le Caire et va se répandre, avec ses diverses ramifications, sur une grande partie des provinces qui bordent la rive orientale de la branche de Damiette.

Ceux qui ne connaissent l'Égypte que de nom croient peut-être que le Nil déborde et inonde les campagnes, comme un véritable déluge.... et se figurent une inondation, comme les crues de la Loire, par exemple, quand cette rivière déploie sa sauvage colère.

L'inondation du Nil s'opère paisiblement au moyen de canaux irrigateurs qui vont porter les fertilisantes eaux limoneuses dans l'intérieur des terres.

L'inondation n'est presque jamais générale : les eaux sont réparties, distribuées sur une surface plus ou moins étendue et circonscrite par les digues, d'où on les laisse s'échapper sur divers points, lorsque les terres les plus voisines ont été suffisamment abreuvées. Il est peu de terrains qui soient spontanément arrosés par les eaux ; on ne laisse presque rien aux caprices du fleuve.

Lorsque le Nil est parvenu à la hauteur voulue pour l'inondation, ce qui a lieu d'ordinaire du 11 au 20 août, on procède avec pompe à l'ouverture du kalisch.

Dans la nuit qui précède le jour de cette solennité, les illuminations brillent de toutes parts ; aux détonations de l'artillerie et des pièces d'artifices viennent se mêler le bruit des fanfares et les chants retentissants des Arabes.

Des barques resplendissantes de lumières et richement pavoisées sillonnent les bords du fleuve, en descendant ou remontant son courant.

Le lendemain les troupes sont sous les armes ; le canon est pointé sur la digue.... l'on précipite dans les flots l'emblème d'un sacrifice humain.... la digue est renversée à coups de canons, et les eaux du Nil se précipitent en bouillonnant dans le canal.

Certains auteurs prétendent que, dans l'antiquité, on ne se bornait pas au simulacre d'un sacrifice humain, et qu'un jeune garçon et une jeune fille, parés de fleurs, étaient réellement précipités dans le fleuve.

On refuse d'ajouter foi à l'existence d'une coutume aussi barbare chez un peuple éclairé comme l'était le peuple égyptien. Trompés sans doute par un usage analogue à celui qui existe encore aujourd'hui, et qui consistait à jeter dans le fleuve un simulacre humain couronné de fleurs, les anciens auteurs ont avancé un fait qu'ils n'avaient sans doute pas vérifié par eux-mêmes.

Quoi qu'il en soit, et bien qu'il paraisse certain que la coutume de ces sacrifices n'a pas été pratiquée en Égypte, au moins du temps des Grecs et des Romains, un historien arabe, Mustany, n'en rapporte pas moins cette anecdote :

« L'année où Amrou fit la conquête de l'Égypte, le Nil n'opéra pas sa crue dans la saison accoutumée; les chefs du peuple vinrent trouver le conquérant en le suppliant de les autoriser, suivant l'usage antique, à précipiter dans le fleuve une jeune vierge parée de ses plus beaux vêtements. Amrou refusa net; mais le Nil persistant à ne pas déborder pendant les trois mois qui suivent le solstice d'été, les Égyptiens alarmés renouvelèrent avec instances leur demande.

« Le général ne crut pas pouvoir prendre sur lui une détermination aussi grave, et il écrivit au calife

Omar pour prendre ses ordres. Voici la réponse du calife :

« O Amrou ! j'approuve votre conduite et la fer« meté que vous avez déployée. La loi mahométane « doit abolir ces coutumes barbares. Lorsque vous « aurez lu cette lettre, jetez dans le fleuve le billet « qu'elle renferme. »

« Voici ce que contenait ce billet :

« Au nom du Dieu clément et miséricordieux ! le « Seigneur répande sa bénédiction sur Mahomet et « sur sa famille ! Abd-Allah-Omar, fils de Khettab, « prince des fidèles, au Nil :

« Si c'est ta propre vertu qui t'a fait couler jus« qu'à nos jours en Égypte, suspends ton cours ! « Mais si c'est par la volonté du Dieu tout-puissant « que tu l'arroses de tes eaux, nous le supplions de « t'ordonner de les répandre encore. La paix soit « avec le Prophète ! le salut et la bénédiction repo« sent sur sa famille ! »

« Aussitôt, continue l'historien, les eaux montèrent de plusieurs coudées ! »

Le Nil a toujours joué un grand rôle en Égypte ; encore aujourd'hui subsistent à moitié des digues énormes barrant une partie du fleuve, qu'elles arrêtaient autrefois et forçaient à se déverser dans les campagnes. Il arrivait aussi quelquefois que les Nubiens jouaient aux Égyptiens le tour que plus d'un propriétaire de prairies joue au meunier dont le moulin se trouve au-dessous de sa propriété, en faisant des saignées au ruisseau, qu'il détourne à son profit.

Le 1er avril au soir, nous arrivons à Seboua, et, désirant marcher pendant toute la nuit pour tâcher d'arriver à Dekkeh dans la journée du lendemain, nous n'avions l'intention de nous arrêter que quelques instants pour jeter un coup d'œil sur le temple. Mais le hasard en décida autrement, et nous eûmes lieu de nous en réjouir, car nous fîmes une rencontre qui nous permit de voir de près cette race d'hommes bouillante et énergique, race disséminée en Égypte et connue sous le nom de « Bédouins du désert. »

Mais n'anticipons pas.

Seboua remonte au temps de Rhamsès le Grand. Il est entièrement construit en grès, à l'exception de l'*adytum*, qui est taillé dans le roc. L'avenue qui conduisait au temple était ornée, de chaque côté, de huit sphynx, dont trois sont encore visibles; les autres sont ensevelis sous le sable. Au bout de cette avenue se trouvaient deux statues colossales appuyées sur des sortes d'obélisques en grès, portant gravées, à la partie postérieure, des inscriptions grossières.

Cette allée de sphynx aboutissait, de l'autre côté, à l'entrée du temple, gardée par deux statues gigantesques qui, maintenant, gisent en morceaux aux pieds du propylée.

Ce propylée est d'un effet imposant et grandiose; mais commençons par définir le propylée, j'aurai souvent à employer ce mot. Si j'ouvre un dictionnaire, je trouve cette définition : « Propylée, du grec *pro*, devant; *pûlê*, porte; on appelle ainsi le porche ou le vestibule d'un temple. » L'explication n'est pas suffisante.

Généralement, à l'entrée de chaque temple égyptien se trouve une sorte d'arc de triomphe dont la forme n'a que deux variantes : ou c'est une pyramide rectangulaire, tronquée aux deux tiers de sa hauteur et percée d'une grande ouverture cintrée, ou ce sont deux pyramides rectangulaires, tronquées également, mais pleines, distantes l'une de l'autre d'un espace plus ou moins large, placées toutes deux sur une même ligne, de manière à former façade, et reliées entre elles par un cintre qui, dans ce cas, sert d'arc de triomphe.

Ces propylées sont plus ou moins ornés de sculptures, sont plus ou moins élevés; mais, comme forme, ils sont toujours les mêmes; quelquefois un temple n'en possède qu'un seul, tandis que d'autres en ont jusqu'à trois; mais, si le nombre varie, la structure est toujours la même.

Nous arrivons à la rencontre.

Nous errions à l'aventure autour du temple, cherchant dans les débris épars sur le sable quelques morceaux de marbre ou de porphyre, lorsque, ayant gravi un monticule, j'aperçus, à environ deux cents mètres de nous, des tentes dressées et des hommes dont le costume différait entièrement de celui des Nubiens; la chose était patente. Ces hommes étaient vêtus et, comme je vous l'ai déjà dit, les Nubiens vivent à peu près à l'état de simple nature.

« Quels sont ces hommes ? demandai-je à Ali.

— Un campement de Bédouins, me répondit-il. Par une tolérance tout exceptionnelle, ces gens peuvent vivre sur le territoire égyptien sans payer aucun impôt.

— D'où vient cette tolérance, ou plutôt ce privilége ?

— Vous savez, me dit-il en se grattant l'oreille, combien le recouvrement des impôts est difficile en Égypte et surtout en Nubie. Quand le vice-roi expédie des troupes pour sévir contre les contrées en retard, il en est pour ses frais, attendu que « les loups « ne se mangent pas entre eux. » Le soldat nubien prévient son compatriote; celui-ci transporte pour quelque temps dans les montagnes ses provisions et son bétail, et le tout est dit; quant à l'impôt, il n'en est plus question. Que vient de faire le vice-roi ? Il a imaginé d'avoir à son service des hordes étrangères au pays, qui ne reculent devant aucun moyen pour l'exécution rigoureuse de ses ordres. Ces Bédouins sont un échantillon de ces hordes, mais vous n'en voyez qu'une faible partie; ils sont répandus en Égypte au nombre de plus de quinze mille; leur chef principal réside à Louksor; c'est de là qu'il envoie ses ordres aux autres tribus, qui vivent au milieu des sables et trafiquent à travers le désert.

— Le vice-roi a donc ces tribus à sa solde?

— Pas le moins du monde. Elles ne sont pas payées, mais elles se payent par leurs propres mains. Quand elles font rentrer les impôts, elles ont bien soin d'en mettre une partie de côté, et le vice-roi y gagne encore, puisqu'il ne recevrait rien. »

Aux paroles saccadées d'Ali, à son œil irrité, à ses narines ouvertes, je compris qu'il parlait d'ennemis, de bourreaux de ses frères.

« Puis-je aller visiter ce camp de Bédouins? continuai-je après un moment de silence.

— Vous le pouvez sans danger; ces hommes sont cruels et barbares envers les gens du pays, mais ils respectent les étrangers; seulement si vous y allez, je ne vous accompagnerai pas.

— Et si je te l'ordonne? »

Ali hésita, puis, d'une voix émue :

« Monsieur est le maître, je dois obéir. »

Et, prenant un air sombre, il marcha devant. Nous le suivions en silence, songeant aux haines qu'engendre la mauvaise organisation du gouvernement égyptien.

Au bout de quelques minutes, nous arrivons devant une tente beaucoup plus grande que les autres. A l'entrée un maigre cheval mâchait quelques herbes desséchées ; une lance d'au moins dix pieds, appuyée contre la tente et fichée en terre, faisait flotter un pavillon mi-parti vert et fauve, couleurs de la tribu.

C'était la tente du chef.

Ali frappa trois fois dans ses mains; aussitôt parut un homme dont je n'oublierai jamais la figure.

Il pouvait avoir de vingt-quatre à vingt-cinq ans et était d'une haute stature ; des yeux bleu foncé, des sourcils arqués, un nez busqué, des lèvres minces, lui donnaient un air de cruauté sardonique qui nous impressionna vivement. Son teint était aussi blanc que le nôtre, et, malgré son air sauvage, c'était, en somme, un fort beau garçon.

Après nous avoir, pour ainsi dire, dévisagés pendant quelques instants, il demanda à Ali ce que nous voulions.

« Vous voir, répondit en bredouillant Ali, qui était d'une humeur de dogue.

— Que les étrangers soient les bienvenus sous ma tente! »

Et, nous faisant signe d'entrer, il passa devant.

Le soleil était couché et la nuit s'avançait à grands pas. Il alluma une torche de résine, qu'il planta en terre, et nous pûmes examiner l'intérieur de la tente. L'espace qu'elle recouvrait pouvait avoir sept à huit mètres carrés. Dans un coin, des tapis et des coussins, empilés les uns sur les autres ; il nous y fit asseoir ; à côté, une selle et un harnais complet de cheval, des pistolets, un fusil ; à l'autre extrémité de la tente, un berceau fait en écorce de palmier, dans lequel dormait un enfant : ce berceau était suspendu comme un hamac par des cordes en poil de chameau. Accroupie à côté, une femme jeune et belle travaillait à l'aiguille, tandis que deux jeunes filles étaient occupées, l'une à filer du lin, l'autre à réunir en collier des petites pièces d'argent.

A notre entrée, ces femmes se levèrent, et le jeune homme les amenant devant nous :

« Voici ma femme, voici mes sœurs, » nous dit-il.

Chacune d'elles prit notre main et la baisa ; je leur aurais rendu volontiers leur politesse en plein visage, car elles étaient charmantes.

Les femmes des Bédouins ne se voilent pas la figure : elles ne redoutent pas le regard des étrangers ; mais, dans ce coup d'œil pur et calme qu'elles jettent sur eux, il y a plus de pudeur que dans le coup d'œil dérobé que lance l'Égyptienne retranchée derrière un voile épais.

Je ne pouvais me lasser d'admirer les mouvements gracieux, les formes ravissantes de ces deux sœurs, de ces deux enfants, à peine âgées de quatorze à quinze ans et déjà en pleine floraison de beauté; roses parfumées poussées dans le désert, vivant dans l'ignorance de leurs charmes, pures et candides comme de jeunes vierges!

Elles vinrent nous offrir le café, sans honte, sans embarras, avec la même grâce qu'aurait pu déployer une femme du meilleur monde; nous n'étions pas les hôtes d'un barbare, mais d'un grand seigneur qui traitait avec nous d'égal à égal. Après le café vinrent les pipes, que nos aimables hôtesses allumèrent elles-mêmes et qu'elles ne nous remirent qu'après les avoir portées à leurs lèvres.

Le jeune cheik prononça quelques paroles; aussitôt l'aînée des jeunes filles alla décrocher de la muraille un daraboukah et se mit à chanter, tandis que sa sœur l'accompagnait, suivant le mode égyptien, en frappant dans ses mains.

Quand la jeune fille eut cessé de chanter, il faisait nuit obscure, et nous prîmes congé de nos hôtes pour retourner à bord, en les remerciant vivement.

Le jeune cheik voulut nous reconduire à notre cange, et nous lui fîmes un présent de poudre et de capsules qui parut lui être très-agréable.

Profitant d'un magnifique clair de lune pour marcher pendant toute la nuit, nous remîmes à la voile.

Le lendemain, nous arrivions à Dekkeh, l'ancienne Pselcis.

Le temple de Dekkeh a été érigé originairement par Ergaménès, un des rois éthiopiens du temps des Ptolémées et des Césars ; il est représenté dans les sculptures offrant des présents aux divinités. L'édifice est inachevé, comme on en trouve beaucoup en Nubie. Il était consacré à Thoth, incarnation terrestre de l'hermès céleste Har-Hal, et dont les attributs étaient la bonté, l'harmonie et la suprême raison. Parmi ces attributs, que l'on retrouve encore, on remarque un caducée. Thoth était en effet le Mercure égyptien.

En continuant notre marche descendante, nous arrivons à Tutzis, où se trouve le temple de Kircheh.

Ce temple date de Sésostris, environ treize cents ans avant Jésus-Christ. Il était entièrement creusé dans le roc, à l'exception d'une sorte de cour ouverte entourée de piliers, auxquels sont adossées des statues de divinités. Il y en a quatre de chaque côté : elles ont l'air disposées pour former un quadrille.... il ne manque plus que les violons!

La posture de ces statues est curieuse : toutes ont les bras croisés, et vous conviendrez que c'est du plus mauvais exemple pour un peuple aussi adonné à la paresse que le peuple égyptien!

Le jour ne pénètre dans ce temple que par la porte d'entrée. On ne peut visiter l'intérieur qu'en allumant des torches : la première salle est soutenue par huit piliers auxquels sont adossés autant de colosses de trente pieds de hauteur, représentant Rhamsès le Grand ou Sésostris : les murs de cette vaste salle sont recouverts de bas-reliefs qui rappellent les conquêtes de ce prince en Afrique ; ces sujets sont de grandeur naturelle et d'une parfaite exécution. Les autres salles sont décorées de sculptures, relatives à des scènes religieuses. Les couleurs qui ornent ces bas-reliefs ont conservé leur éclat primitif. Le temple se termine par un sanctuaire, orné de quatre grandes statues d'un très-beau travail.

Encore quelques milles et nous arrivons au temple de *Dandour*, qui se trouve presque sous le tropique du *Cancer*. Demain nous aurons quitté la zone torride en passant le tropique, et je vous avoue que ce sera sans regrets, car il fait une chaleur qui nous oblige à passer une partie de la journée dans notre baignoire.

Le temple de Dandour est petit, mais gracieux : il date du commencement de l'ère chrétienne. Les principales divinités qu'on y adorait étaient Osiris, Isis et Horus.

LETTRE XVI.

A bord de la cange, avril.

Le 3 au matin nous arrivons à Kalabcheh.

Le temple de Kalabcheh passe pour le plus grand de tous ceux de Nubie.... où ils ne manquent cependant pas, car on y en compte vingt-quatre.... Rassurez-vous.... je pense que vous devez en avoir assez de mes descriptions minutieuses, et je réserverai pour mon retour des détails qui, donnés de vive voix, pourront peut-être vous intéresser.

Permettez-moi cependant d'entrer dans quelques détails sur le mode de peinture des anciens artistes égyptiens : il est nécessaire de le connaître pour bien comprendre leurs ouvrages.

Dans les fresques qui décorent les murailles de tous les temples que j'ai visités, il n'y a aucune perspective, aucun raccourci, tout est fait en silhouette et les objets ne sont jamais représentés qu'en profil.

Le système de l'artiste était uniforme et lui épargnait les frais d'imagination pour grouper ses personnages. Il commençait par tracer sur la muraille des lignes droites, comme pour y placer des notes de musique, en ayant soin d'espacer largement les lignes supérieures et d'aller toujours en diminuant les espaces, jusqu'au bas de la muraille.... Alors il plaçait ses personnages, et on voyait défiler, comme on dit, « à la queue-leu-leu » tous les héros du tableau. L'artiste commençait par la gauche et marchait de gauche à droite, absolument comme on agit en écrivant : arrivé au bout, il mettait à la ligne, et ainsi de suite.

Ces peintures ne peuvent donc se voir d'un seul coup d'œil, comme un tableau moderne — la Smalah d'Horace Vernet, par exemple, malgré l'innombrable quantité des personnages qui y figurent — non.... il faut forcément faire défiler devant soi, comme une procession, les héros d'une bataille ou de tout autre sujet.

Les peintres égyptiens avaient encore une autre habitude qui, de prime abord, semble assez rationnelle — théoriquement parlant — c'était celle de proportionner la taille de leurs personnages à leur mérite ou à leur position sociale. Ainsi un roi avait douze ou quinze pieds de hauteur, tandis que ses ministres n'en avaient que huit, ses généraux que six, ses capitaines que quatre, et ainsi de suite jusqu'aux soldats qui n'étaient plus que des Lilliputiens : quant aux vaincus, on ne pouvait les voir qu'a microscope.

Si, de nos jours, on adoptait une semblable méthode, que d'hommes *petits* deviendraient des hommes *grands*, puisqu'ils sont déjà des grands hommes! M. Thiers, notre grand historien — qui n'a certainement pas une taille de géant, tant s'en faut, au contraire — pourrait avoir jusqu'à dix pieds de haut.... mais en revanche quelle humiliation pour le tambour-major, si fier de sa haute stature.... elle serait, à coup sûr, singulièrement raccourcie!

Cette partie de la Nubie, où se trouve le temple de Kalabcheh, est renommée pour la quantité et la qualité du *henneh*, qui pousse sur les rives du fleuve.

Le henneh est une plante ou plutôt un arbrisseau, qui se râpe comme du tabac à priser et fournit une sciure servant à teindre en rouge les mains et les ongles des femmes. Cette teinture est le *nec plus ultra* de la coquetterie. Voici le moyen qu'elles emploient pour arriver à ce but: de cette sciure de bois, mêlée à de l'eau, elles composent une sorte de pâte dont elles se frottent les mains et les ongles, et qu'elles conservent, serrée dans la main, pendant vingt heures au moins; puis elles se lavent les mains, et la teinture y a si bien adhéré, en y déposant un rouge sombre, que, pendant quatre à cinq mois, la couleur ne peut pas s'enlever.

Ali a acheté hier un sac énorme de henneh, pour lui et sa femme.... car Ali est marié, mais il est trop jaloux pour nous avoir permis de voir sa tendre moitié.... j'aurais cependant bien voulu présenter mes hommages à *madame Ali-Nubia !*

Ali a voyagé ; il a habité deux ans l'Angleterre, et il connaît Paris aussi bien que moi. Aussi a-t-il contracté certaines habitudes européennes, qu'il voudrait bien inculquer à sa femme, mais celle-ci s'y refuse. Paresseuse et gourmande, comme une véritable Égyptienne, elle ne sait faire usage de ses dix doigts que pour boire et manger. En vain Ali a-t-il voulu lui faire raccommoder ses culottes, comme le fait une bonne ménagère en Europe, jamais il n'a pu y parvenir, aussi le pauvre mari ne cesse-t-il de nous répéter :

« Ah ! messieurs, ne vous mariez pas en Égypte.... les femmes n'y sont bonnes à rien ! Ah ! les femmes ! les femmes ! si j'avais pu prévoir....

— Rassure-toi, Ali, nous ne sommes pas tentés de ramener à Paris une épouse égyptienne ! »

Sur la foi de Murray, nous ne nous arrêtons pas à Taphis, qui n'en vaut pas la peine, et nous arrivons directement au Parembole, après avoir touché à Kardaseh, où il ne reste presque plus rien de curieux.

Le Parembole d'Antonin offre cela de remarquable, qu'il a trois propylées placés les uns derrière les autres, et l'on conçoit l'effet imposant que devait présenter une procession de grands prêtres et de sacrificateurs défilant sous ces trois arcs de triomphe.

C'est ici, cher ami, que je clos la liste des temples compris entre les deux cataractes : je me réserve cependant de vous dire un mot de celui de Phylée, que je n'ai pas encore vu et que l'on dit fort beau. Nous avançons à pleines voiles vers cette île si vantée, dans quelques heures nous y serons; un Nubien se chargera de cette lettre pour la remettre au pacha d'Asouan, qui la fera parvenir au Caire.

LETTRE XVII.

Asouan, 7 avril.

Phylée ! J'ai vu Phylée.... j'ai touché le but de mes désirs, j'ai foulé du pied cette terre fertile en souvenirs : pendant un jour entier je me suis promené de ruines en ruines ; moi seul vivant, j'ai vécu au milieu des morts ! Journée trop vite écoulée et qui laissera dans mon âme une impression ineffaçable !

Quand on arrive par le fleuve, l'île de Phylée s'offre à vous dans toute sa riante beauté ; elle semble déployer pour vous les trésors de sa coquetterie et vous offre un asile que vous aurez peine à quitter.

Entourée de rochers qui se détachent sur un fond de montagnes granitiques, l'île s'élève gracieusement au-dessus du fleuve, qui l'enserre amoureusement de ses bras; par sa riante verdure, elle contraste avec les masses de basalte et de syénite qui se pressent autour d'elle : c'est une perle enchâssée dans un cercle de bronze.

Sur le premier plan se détachent un obélisque et des rangées de colonnes finement découpées, qui conduisent au premier propylée.... A droite, sur le second plan, se découpe *l'hypétral* — encore inachevé — dont les colonnes hardies et gracieuses s'élèvent majestueusement.... plus loin la masse imposante du temple, avec ses deux anciens propylées ; enfin et pour fond du tableau, le *Trône des Pharaons*, blocs énormes de granit, ainsi dénommés parce qu'ils affectent la forme d'un trône.

Il était six heures du soir : les rameurs fatigués demeuraient appuyés sur leurs rames. La barque glissait d'elle-même sans bruit et avançait doucement; le soleil était à l'horizon.... nul bruit ne se faisait entendre ! Muets et ravis, nous admirions le spectacle qui se déployait à nos yeux, spectacle le plus beau que la nature puisse donner à l'homme ! Peu à peu les silhouettes se foncèrent.... l'obscurité gagna.

Tout à coup, au milieu du silence de la nuit, s'élèvent des voix plaintives, partant de la rive prochaine : un homme avait péri dans une escarmouche, entre deux tribus ennemies, et les femmes chantaient le chant des funérailles.... et la barque marchait toujours.... et nous avancions vers la cité des morts!

Le soleil dorait à peine les sommets aigus de la chaîne libyque que déjà je quittais la cange et gravissais la pente douce qui conduit au plateau supérieur de l'île.

Baignée tout autour par le Nil, la partie inférieure de l'île est couverte d'une florissante végétation : des légumes de toute sorte y poussent sans culture; des palmiers, des dattiers, des acacias, des mimosas et des gommiers couverts de petites fleurs jaunes odoriférantes, répandaient dans l'air un parfum délicieux : la terre était couverte comme d'un brillant tapis de fleurs de toute espèce. Phylée ne dément pas le nom de « Jardin des tropiques » qui lui a été donné. Des colombes, nichées dans les palmiers et que je dérangeais dans leurs causeries, voletaient d'arbre en arbre et s'enfuyaient à mon approche.

Je m'avançais plongé dans les réflexions qu'inspire toujours la solitude de lieux autrefois habités; à mes pieds des décombres, autour de moi des ruines.... des colonnes, des portiques, portant les traces de la dévastation.

Ici le temps n'a rien détruit; la main des hommes a renversé ce que les années avaient respecté. Sur chaque pierre tombée l'on trouve les traces de la pince ou du ciseau; pas un bas-relief qui n'ait été attaqué par un outil destructeur.

Le principal temple est celui d'Isis, dont le propylée de la façade méridionale présente deux portiques soutenus par une colonnade : c'est vis-à-vis de ce portique qu'était l'obélisque en granit aujourd'hui renversé et dont l'inscription, en grec, joue un si grand rôle dans l'interprétation des hiéroglyphes[1]. Un autre est également couché sur la terre, ainsi que son piédestal; mais celui que l'on voit debout, à l'extrémité méridionale de l'île, est en grès et sans aucune sculpture. Deux lions en granit sont placés auprès du temple. Après avoir traversé le second portique de cet édifice, on est frappé d'étonnement à la vue des hiéroglyphes d'un fini parfait qui en tapissent les murs, des peintures dont ils sont ornés, ainsi que des chapiteaux des colonnes. Près du premier portique, on remarque un joli temple monolithe, qui paraît avoir servi d'église aux chrétiens, à en juger par les murs, dont les hiéroglyphes ont été soigneusement recouverts d'un mortier qui en rend la surface unie. Un quatrième temple, un arc de triomphe romain, un grand nombre de restes d'édifices qui ont été construits avec des débris de monuments égyptiens, des murs, des quais et des colonnes, donnent à l'île de Phylée un grand intérêt sous le rapport archéologique.

1. Lanoue, *Description de Phylée.*

Sous le premier propylée, à la face droite interne, se trouve inscrite une date, an VII de la république, 13 ventôse, date à jamais mémorable, où les Pharaons ont frémi dans leurs tombes sous les pieds des soldats français qui foulaient le sol égyptien.

J'essayai en vain de faire un croquis du temple : l'ensemble était insaisissable, et les détails se multipliaient sous mon crayon; j'y renonçai et je me contentai d'errer dans cette île délicieuse, dont je ne pouvais assez rassasier mes yeux.

Cependant peu à peu le soleil baissait à l'horizon, la nuit allait venir : des chauves-souris, seuls habitants de ces ruines gigantesques, tournaient dans l'air en poussant leur petit cri aigu....

Placé près de l'obélisque d'où part cette avenue aux mille colonnes qui conduisait au temple, j'adressai un dernier adieu à toutes ces merveilles que je venais d'admirer.... Adieu, Nubie; adieu, patrie de ces hommes fiers et courageux qui préfèrent la misère à l'esclavage!... Adieu, peuple de rois!... je te quitte pour retrouver un peuple d'esclaves!

Je retourne en Égypte!

L'île prenait progressivement un aspect plus sombre, les rochers devenaient plus noirs, le fleuve avait une couleur d'un violet foncé; j'entendais encore, dans le lointain, les chants lugubres des funérailles; une brise rafraîchissante reposait de la chaleur du jour.... et la lune se leva radieuse au-dessus du trône des Pharaons.

J'abandonnai Phylée en lui jetant un dernier regard de regret, et la barque silencieuse s'éloigna lentement, comme si un bruit humain eût été une profanation dans ces lieux pleins du souvenir des morts !

LETTRE XVIII.

A bord de la cange, 8 avril.

Cher ami, nous voici entrés dans les premiers rapides. Le chef des cataractes nous accueille avec des hourras : nous sommes les derniers voyageurs de l'année; notre cange vient la deux cent trente-deuxième, mais sur ce nombre les trois quarts s'arrêtent à Asouan, au-dessous des rapides; un quart seulement pousse au delà.

Le temps était magnifique, et cependant, dès le matin, Ali travaillait à assurer sa vaisselle et ses meubles, afin que rien ne fût brisé dans le « saut de la cataracte. » Ce pauvre Ali, je le vois encore errer comme une âme en peine, bien plus inquiet pour ses saladiers que pour lui. Au reste, la chose était assez grave : nous allions nous confier à des gens expérimentés, sans doute, mais aussi affronter un torrent qui se précipite entre quatre rochers, dont les blessures seraient fort peu saines pour notre cange et pour nous-mêmes.

La descente de la cataracte ne s'offre pas au même endroit que celui de la montée. Pour l'ascension on avait recherché l'endroit le moins profond et le moins rapide ; pour la descente on choisit, au contraire, l'endroit où le fleuve est le plus impétueux et le plus profond, afin que la barque aît plus d'eau et puisse passer plus rapidement.

Pendant une heure environ, nous marchons assez doucement au milieu des courants qui se croisent en tous sens : une centaine d'hommes, courant d'un rocher à l'autre, amarraient de gros câbles pour modérer l'élan de la barque ; nous arrivons ainsi dans une petite crique où le remous nous arrête de lui-même : chacun prend un moment de repos, et l'équipage se prépare par quelques rasades d'araki aux travaux des grands passages.

Il y en a trois : le premier est une série de rapides, allant dans tous les sens, se croisant, s'enchevêtrant, comme les fils d'un écheveau en désordre : ce passage est dangereux, car le fleuve, coupé à chaque pas par des rochers, n'offre qu'une série d'écueils : il faut une grande habileté pour éviter de jeter la barque sur ces rochers pointus qui vous montrent les dents. Ce passage fut heureusement effectué, et, grâce à une habile manœuvre de la barre, nous ne fîmes qu'effleurer quelques roches dont les légères égratignures n'endommagèrent pas la cange.

Le second passage est une chute de deux mètres de haut : là votre sort est entièrement entre les mains du timonnier, un faux coup de barre et vous êtes perdus ; la barque est brisée et vous périssez infailliblement, soit en vous noyant, soit en vous brisant sur les rochers contre lesquels vous entraîne le torrent.

Chaque rame, au nombre de huit, était manœuvrée par quatre hommes qui nageaient à tour de bras, cherchant à imprimer à la barque le plus grand élan possible afin de moins plonger au pied de la chute : c'est le seul moyen d'éviter la culbute.

Tout le monde était sur le pont : les chefs excitaient de leurs cris l'équipage, les rameurs chantaient en appuyant vigoureusement sur les rames ; le passage étroit dans lequel nous étions engagés offrait à peine la largeur nécessaire pour la manœuvre de la barque. M. de B.... et moi étions sur la dunette, et je vous l'avoue fort peu rassurés : l'émotion nous coupait la parole.

Le moment approchait, nous filions avec la rapidité de la flèche, l'eau bouillonnait autour de nous...; tout à coup..., nous y voici.... la cange s'est précipitée dans le gouffre.... l'écume jaillit de tous côtés!

La secousse fut assez violente pour nous faire trébucher, quoique nous nous tinssions solidement aux agrès : les tables, les chaises dansaient le fandango, tandis que la vaisselle avait plus que doublé.... vu le nombre des morceaux. Ali, la larme à l'œil, relevait les morts et les mourants.

Il ne restait plus que le troisième rapide : c'est le moins dangereux.... et voyez le guignon !... tandis que le timonnier recevait les félicitations unanimes pour l'habileté dont il avait fait preuve dans le passage dangereux, il abandonna un seul instant la barque à elle-même, si bien qu'elle alla frapper en plein sur un rocher.... puis resta immobile.

Surpris à l'improviste, chacun avait plus ou moins trébuché ou tombé et se relevait en jurant ; mais il fallait voir la fureur de notre reis : je crois que si nous ne l'eussions pas retenu, il eût tué le maladroit timonnier. On s'empressa d'examiner l'avarie ; on pansa, tant bien que mal, avec de l'étoupe les plaies de la cange, et elle put arriver, comme un perdreau qui a du plomb dans l'aile, jusqu'à Asouan, où elle recevra des soins plus efficaces.

Le saut de la cataracte est dangereux, et cependant il arrive rarement des accidents : il faut le faire, quand on descend le Nil, c'est le complément du voyage.... Vous risquez bien quelque chose, mais n'est-ce donc rien que d'éprouver une émotion ? Restez chez vous si vous les craignez.

En général, les Anglais laissent les barques à Asouan et enfourchent les quadrupèdes aux longues oreilles pour aller aux cataractes. Arrivés là, ils tirent gravement leur Murray de leur poche, lisent la description qui s'y trouve, et s'en retournent en grommelant : *Splendid, very beautiful indeed*[1] !

Le peuple anglais a, selon moi, usurpé, comme tant d'autres choses, la réputation de bon touriste. Le Guide du voyageur, voilà sa loi et son prophète; quand une chose y est indiquée, il faut qu'il la voie, et il donne une confiance aveugle à l'appréciation de son guide. Si Murray dit que la chose est intéressante, l'Anglais se pâme devant elle et s'écrie, de cette voix que vous lui connaissez : *Very much satisfied, how beautiful it is.* Si, au contraire, Murray se montre froid, l'Anglais fronce le sourcil, allonge le nez et, taquinant ses favoris rouges, il dit en montrant ses longues dents : *How absurd! what a pity.*

Le peuple anglais est un grand peuple, et Murray est son prophète[2].

1. Si l'auteur a un conseil à donner à ceux qui ont l'habitude de voyager suivant cette méthode anglaise, c'est d'acheter tout bonnement *La Cange*, et de la lire les pieds sur les chenets : cela leur coûtera moins cher et ils seront tout autant avancés!

2. Je croirais faire preuve d'ingratitude en attaquant si vivement à chaque occasion un peuple pour lequel j'ai, au fond, une admiration sincère. En affaires comme en amitié le peuple an-

Il est bien entendu que je ne parle que du commun des touristes, et que je suis loin de vouloir déprécier le mérite des hardis explorateurs qui ont rendu et rendent encore d'immenses services à la science.

Nous étions enfin arrivés à Asouan, et au bout de quelques heures la barque était réparée tant bien que mal.

Voyez pourtant ce que c'est que le hasard ! le petit accident que nous avons éprouvé vient de nous révéler un mystère. Vous n'êtes pas sans vous rappeler notre amie Gott, cette chatte que nous avions accusée de libertinage, ou tout au moins taxée d'ingratitude : Gott est retrouvée.... mais, plaignez-nous.... elle n'a été retrouvée qu'à l'état de squelette : il paraît que dans un moment d'une ardeur passionnée pour la chasse, tout à fait en dehors de ses habitudes, Gott s'était aventurée dans la cale de la cange.... elle a été massacrée par les rats ; c'est en faisant des recherches pour trouver la voie d'eau qu'on a découvert son cadavre ! Ce n'était donc pas une illusion, quand je croyais entendre ses miaulements plaintifs. Ce n'était que trop vrai, la pauvre bête se débattait contre de cruels ennemis et invoquait notre secours.

glais s'est toujours montré pour moi le type de la franchise et de la loyauté ; mais que voulez-vous? En voyage c'est plus fort que moi ! l'Anglais m'agace les nerfs.

Nous avons l'honneur de vous faire part de son trépas lamentable.... Versez un pleur en sa mémoire!

Arrivés à Asouan nous avions un petit compte à régler avec notre reis. J'ai déjà eu l'occasion de vous dire qu'Ahmed-Mustapha était un drôle de la pire espèce, mais je ne vous ai pas détaillé tout ce que nous avons eu à en souffrir pendant le voyage. Se modelant sur sa conduite, les matelots se montraient fort indisciplinés à notre égard, et je dus plusieurs fois user de rigueur pour me faire obéir; en vain les avais-je menacés de mon firman pour les faire punir au retour, ils n'avaient fait qu'en rire; il fallait montrer que je ne plaisantais pas, et procéder par un exemple sévère : le chef devait payer pour lui et pour ses subordonnés.

Il est nécessaire de vous dire que notre premier soin en arrivant à bord avait été de mettre le drogman dans nos intérêts, et de chercher toutes les occasions de le brouiller avec le reis : c'est une précaution que tout voyageur bien avisé ne doit pas manquer de prendre, la raison en est simple.

Vous êtes sur la cange à la merci de deux hommes qui s'efforceront à l'envi de vous voler et de vous tyranniser. Pour eux vous êtes une vache à lait, un chien de chrétien qu'Allah met à leur disposition pour être exploité, et en bons musulmans ils ne manqueront pas de le faire. Alors malheur à vous, si vos ennemis sont d'accord. Avez-vous un reproche à faire au reis, le drogman, loin de le lui traduire, ne lui fera que des compliments. Réclamez-vous une punition auprès d'un pacha, le drogman, votre interprète forcé, vous fera jouer pendant une heure aux propos interrompus, et, de guerre lasse, vous enverrez au diable pacha, drogman et Égyptiens. Suivez donc mes avis, ô vous qui voyagerez sur le Nil : brouillez votre drogman avec votre reis, brouillez-les à mort.... Diviser, pour régner, n'est-ce pas une maxime à l'ordre du jour ?....

Donc Ali et le reis étaient à couteaux tirés, à notre grande satisfaction : Ali ne pouvait pas surtout lui pardonner sa vaisselle cassée dans le saut de la cataracte.... Ah ! c'est qu'Ali était intraitable quand il s'agissait de sa vaisselle !

Si vous vous rappelez une de mes lettres précédentes, vous n'avez pas oublié que, lors de notre première relâche, nous avions reçu à notre table le pacha d'Asouan, aussi comptions-nous sur son aide, en dépit de ce vieux dicton qui veut que la reconnaissance de l'estomac ne dure que le temps de la digestion ; d'ailleurs notre position nous donnait droit à réclamer sa protection.

Nous voici donc partis à la recherche de notre ex-convive ; mais arrivés à sa demeure, un cawas nous répond que Sa Hautesse dort, et qu'attendu le temps du ramadan où nous sommes, on ne pourra la voir que dans la soirée.

Profitons du sommeil du gros Égyptien pour vous initier en peu de mots aux pratiques du ramadan. Clot-Bey dit ramazan : il a peut-être raison et doit s'y connaître mieux que moi, lui qui habite depuis vingt ans l'Égypte.... Mais que voulez-vous, je tiens à ramadan.... j'ai toujours entendu dire ramadan, va donc pour ramadan !

Le ramadan est un jeûne qui dure pendant un mois ; l'époque en est facultative pour le musulman, il peut l'alterner dans un mois ou dans un autre, mais dès l'âge de quatorze ans il est astreint à le pratiquer.

Les femmes n'aiment pas le temps du ramadan, car l'abstinence des hommes n'est pas prescrite pour les seuls aliments !

Après avoir copieusement dîné, comme des gens qui sortiraient de faire le ramadan, nous nous mettons en marche pour la demeure du pacha, et nous le trouvons lui-même sortant de table. Il nous accueillit à bras ouverts, et nous présentâmes notre petite requête. Il sourit agréablement en m'offrant une prise.

On apporta le café et les pipes, et je lui exposai nos griefs contre le reis, en le priant de tancer un peu vertement notre équipage dans la personne de son chef. Je ne sais comment Ali, qui avait toujours ses assiettes sur le cœur, traduisit mon discours, toujours est-il que voici ce qui se passa :

Sur l'ordre du pacha, deux cawas allèrent chercher le reis et son équipage : le cawas est un policeman ou un sergent de ville, à cette différence près qu'avec ses fonctions officielles, il cumule les fonctions de mendiant.

Nous fumions et buvions sans mot dire; le reis arrive, suivi de tout son monde et l'air un peu plus humble que le matin.

« Tu as mécontenté ces messieurs, lui dit sèchement le pacha.

— Allah! Allah! est-ce possible?... qu'on m'arrache la langue si je mens.... mais je n'ai rien fait pour mécontenter ces messieurs. »

Et, tout en parlant, il jetait sur nous des regards suppliants.

Nous restions impassibles.

« Ces messieurs se plaignent de toi, donc ils ont lieu de se plaindre! Prépare-toi à recevoir la bastonnade. »

Notre homme ne souffla mot, et, sans se faire prier, se coucha sur le ventre; deux cawas lui entravèrent les jambes, puis les relevant, ils les maintinrent, en présentant la plante des pieds aux exécuteurs, qui commencèrent à les frapper de leurs courbaches.

Ils ne ménageaient pas les coups, je vous assure,

et le nerf d'hippopotame cinglait les chairs, qui rougissaient à vue d'œil. Ma vengeance n'allait pas jusqu'à vouloir la mort du coupable, qui poussait les hauts cris, et je priai le pacha de faire cesser le supplice.... Il fit un signe, et immédiatement les coups cessèrent de pleuvoir. Aidé de ses matelots, le patient se releva et demeura debout, en s'appuyant sur eux, car ses pieds endoloris avaient peine à le porter.

« Souviens-toi bien, coquin, continua le pacha, que ce n'est qu'à la prière de ce seigneur que j'ai fait cesser ton supplice.... Viens le remercier. »

Mustapha s'approcha, avec la mine d'un chat qu'on fouette, et me baisa les mains; puis il se retira, clopin-clopant, mais en lançant sur moi, à la dérobée, un regard fort peu rassurant.

Nous prîmes nous-mêmes congé de notre excellent ami le pacha, que nous remerciâmes vivement de sa *touchante* protection. A la porte, les cawas assemblés sollicitèrent le bakchish, et nous l'accordâmes généreusement.

Il était minuit quand nous fûmes de retour à la cange.

Un matelot dormait, étendu sur le pont; je le poussai du pied et lui demandai où était le reis et le reste de l'équipage.

« Je ne sais pas, répondit-il, insolemment.

— Prends garde! tu sais que je me fais obéir.... Va chercher le reis. »

Le matelot se leva en grommelant; il revint au bout de quelques instants, disant que le reis ne voulait pas venir.

« Où est-il?

— Au café.

— C'est bien. Ali, fis-je, en me tournant vers le drogman, va me chercher cet homme.

— Dieu m'en préserve! s'écria Ali en se reculant d'un pas...: le reis est avec ses hommes.... ils m'assommeraient!

— S'il en est ainsi, nous irons nous-mêmes.... »

M. de B.... se disposa à me suivre : nous armâmes nos revolvers, prîmes nos poignards, et nous voilà partis à la recherche du mutin. Nous le trouvâmes dans un café, entouré de ses matelots; il semblait avoir oublié la scène toute récente qui devait cependant lui laisser un amer souvenir, et buvait au milieu de courtisanes qui cherchaient à lui faire oublier son chagrin.

A notre entrée, une rumeur sourde s'éleva dans l'assemblée. Le maître du café me présenta une tasse, mais je le repoussai si rudement, qu'il alla tomber avec sa tasse à l'autre bout de la salle.

Les matelots, immobiles, les yeux fixés sur leur chef, attendaient en silence; quant à celui-ci, un coup d'œil jeté sur nos armes avait suffi pour fixer son opinion et décider sa conduite : il commençait à nous connaître.

« Nous voulons partir cette nuit, lui dis-je d'une voix brève, je t'ordonne de retourner à la cange.

— Partir cette nuit, maître? c'est impossible, nous ne le pourrions sans danger.

— Soit.... Nous partirons demain matin.... mais je t'ordonne de rentrer à bord avec ton équipage.... et je consigne tout le monde. »

J'entendis un murmure.

« Faut-il faire parler la courbache? »

Ils baissèrent tous la tête et défilèrent devant nous.

Ali faillit avoir une attaque d'apoplexie de la joie qu'il éprouva en ce moment.

La nuit se passa sans autre incident, et le lendemain matin nous continuâmes notre marche descendante.

Nous n'avons rien changé à notre manière de vivre, seulement nous avons retiré nos armes du salon pour les mettre dans nos chambres à coucher; nos pistolets armés sont placés au chevet de nos lits, et Ali couche en travers de la porte....

Je vous écrirai de Louksor.

LETTRE XIX.

Louksor, 16 avril.

Cher ami, ma dernière lettre vous aura probablement laissé fort inquiet sur mon sort et rêvant la vengeance du drôle que j'avais fait si bien châtier.... Rassurez-vous, il n'y a rien à craindre de ces sortes de gens : ce sont des lâches, qui n'ont pas même le courage de se venger. Au reste, nous voici maintenant les meilleurs amis du monde, et je vous dirai tout à l'heure comment s'est opérée la réconciliation.

Lors de mon premier passage à Asouan, je ne vous ai pas dit grand'chose de cette ville, c'est qu'en effet il n'y a pas grand'chose à en dire.

Asouan est la dernière ville de l'Égypte, du côté de la Nubie; c'est la Syène de l'antiquité, où Juvénal fut envoyé en exil.

Les ruines qu'on y rencontre sont insignifiantes; je vous dirai pourtant, et pour l'acquit de ma conscience, qu'on y montre un endroit où, soi-disant, se trouvait le puits au fond duquel, au jour du solstice, l'image du soleil se peignait tout entière; les voyageurs et les savants l'ont dit, mais, entre nous, je n'en crois pas un mot.

Après m'être aussi peu étendu sur Asouan, j'escamoterai aussi *Ombos*, où l'on ne voit qu'une chose un peu curieuse : c'est un temple présentant une double entrée et deux sanctuaires parallèles; c'est peut-être le seul exemple, dans les temples égyptiens, d'honneurs égaux rendus à deux divinités, le dieu du temple et la divinité protectrice d'Ombos.

Nous voici arrivés le 10 à Silsilis, ou Djébel-Selseleh, ce qui veut dire « montagne de la chaîne ; » ne pas confondre avec « une chaîne de montagnes. » Suivant la tradition arabe, voici l'origine de ce nom :

« Il était une fois.... »

Mais je commence comme un conte de fées... prenons un ton plus sérieux.

On prétend qu'autrefois un roi, jaloux de ses voisins, avait tendu, en cet endroit, une chaîne, au moyen de laquelle il arrêtait toute la navigation; le fleuve n'a pas plus de mille cinquante pieds de largeur; un rocher, en forme de pilier, auquel on suppose que la chaîne a pu être attachée, enfin le nom de Silsilis, qui rappelle le nom arabe de Selseleh, ont pu donner naissance à cette tradition.

On trouve à Silsilis d'immenses carrières de grès, d'où l'on a retiré les blocs pour construire la plus grande partie des temples égyptiens.

Pour toutes curiosités, il n'y a que des grottes, dans lesquelles on retrouve quelques vestiges de sculptures et d'hiéroglyphes sans grande valeur.

Le 11 nous arrivions à Edfou, l'Appolinopolis Magna des Grecs, petite ville qui ne consiste, pour ainsi dire, qu'en un temple, autour duquel se groupent de misérables cabanes; il en est littéralement obstrué, elles s'accrochent à ses flancs et le couvrent comme d'une lèpre.

Ce monument, qui fut consacré par Ptolémée Épiphane, Évergète II et Alexandre, au dieu Har-Hat, le grand Horus, l'Apollon égyptien, offre, malgré les dégradations qu'il a éprouvées, un des plus beaux modèles de l'architecture égyptienne. Plusieurs portiques, soutenus par d'énormes colonnes, conduisent à diverses salles et à des couloirs mystérieux, qui renferment le temple comme dans une double enveloppe et qu'on traverse pour arriver au sanctuaire. La porte d'entrée est tellement obstruée de terre et d'ordures, qu'on est forcé de se baisser pour pénétrer dans l'intérieur; on arrive dans une cour carrée, et devant vous se présente le temple, d'un aspect noble et imposant; à droite et à gauche, une colonnade ; derrière, un propylée gigantesque.

A peu de distance de ce temple il en existe un autre, moins grand, consacré à Typhon, le génie du mal.

C'est à Edfou que se fabriquent ces vases de terre dont la forme et la belle couleur rouge sont encore celles des vases que l'on voit représentés dans les antiques sculptures des hypogées[1].

Après une course assez longue et assez fatigante à travers un désert de sable, semé de pierres, on arrive aux ruines d'El-Kab ; on regretterait presque ses peines, à la vue d'un temple petit et mesquin, creusé en partie dans la montagne, si ce temple ne présentait une particularité digne d'être vue : c'est un escalier, conduisant directement au portique, non plus par deux ou trois marches, mais bien par cinquante marches environ, encore bien conservées et protégées, du haut en bas, par une balustrade en maçonnerie : de cinq marches en cinq marches se trouvent des surfaces planes, sur lesquelles devaient reposer des sphinx.

Non loin de là existait autrefois une ville, la cité de Lucine, aujourd'hui Electhyia. Cette ville était entourée d'un large mur en briques crues : ce mur existe encore en partie et présente un effet curieux par sa masse et son étendue.

1. Lieux où les Grecs et les Romains déposaient leurs morts.

Marchant toujours bon train nous arrivons le 14 à Esneh.

Depuis quelques jours, et à mesure que nous approchions de cette ville, le matelot Achmed perdait de sa gaieté.... une chanson commencée expirait souvent sur ses lèvres ; vous en apprécierez la raison si vous vous souvenez de son aventure en cette ville : il allait avoir à régler ses comptes avec la justice, et il se frottait les reins, par avance, en songeant aux courbaches des cawas.

A peine arrivés, la joyeuse troupe des almées vint comme d'ordinaire à notre rencontre, et nos matelots, profitant du congé que nous leur donnâmes, s'en allèrent gaiement bras dessus bras dessous avec elles. Achmed regarda tristement partir ses compagnons et nous suivit chez le gouverneur.

Nous avions engagé notre parole de représenter l'accusé lors de notre retour, il fallait la tenir.

Le pacha procéda immédiatement au jugement : l'accusé était présent, on fit venir l'accusateur et ses témoins; un scribe, assis dans un coin, prenait note des dépositions; au fond de la chambre on pouvait voir les instruments du supplice.... les courbaches et la pièce de bois pour entraver les jambes ; près d'eux se tenaient immobiles deux cawas de six pieds de haut, armés d'énormes rotins.

La discussion fut chaude et dura fort longtemps : le pacha l'écoutait de l'air le plus indifférent, en égrenant son chapelet. Ali nous expliquait les péripéties de l'affaire au fur et à mesure qu'elles se déroulaient, et il en résulta que si notre matelot était un gredin, il avait eu affaire à gredin et demi; voici les faits :

Si vous vous rappelez l'affaire, vous saurez qu'il y avait eu une porte et une dent de cassées : pour le bris de la porte, la chose allait de soi seule — il la payait et tout était dit; — quant à la dent cassée, c'était une autre affaire : « dent pour dent, œil pour œil, » dit le proverbe arabe; au choix du plaignant, le coupable avait une dent cassée, ou bien il lui payait une bonne somme d'argent, sans préjudice, bien entendu, de l'accompagnement obligé de tout jugement égyptien, c'est-à-dire de la bastonnade.

Généralement c'est l'amende à recevoir que choisit le plaignant : l'affaire allait donc s'arranger de la sorte, lorsqu'elle changea tout à coup de face à la déclaration de certains témoins qui se présentèrent à charge contre le boulanger. Il résulta que depuis nombre d'années il exploitait une dent cassée qu'il portait dans sa poche; il savait faire en sorte qu'on lui cherchât dispute, on en venait aux coups et il laissait adroitement tomber à terre cette dent, dont il se faisait ainsi une assez jolie rente : en fait, la dent lui rapportait peut-être plus que la boulangerie.

Le fait était nouveau, et le pacha embarrassé s'en

rapporta à nos lumières. Vu l'originalité du procédé, j'aurais été assez porté à la clémence.... j'avais ri, j'étais désarmé.... mais M. de B..., qui a fait son droit à Paris, jugea la question en légiste. Son avis prévalut et le malheureux boulanger reçut cinquante coups de bâton sur la plante des pieds; ce qui le consola, c'est qu'il empocha quelques piastres que notre matelot dut lui payer pour le bris de la porte.

Ainsi se termina cette mémorable affaire.

Nous ne devions partir que le soir, et prenant nos fusils nous allâmes faire une promenade et nous tuâmes quelques vautours, des éperviers et des hérons garde-bœufs : ces derniers sont d'un naturel si peu farouche que c'est vraiment pitié que de les tuer : ce sont de petits hérons blancs, le bec et les pattes jaunes, qui se promènent gravement au milieu des champs et recherchent la société; généralement ils se tiennent auprès des bestiaux, qu'ils semblent garder, d'où vient ce nom de *garde-bœufs* qu'on leur a donné; quelques-uns poussent la familiarité jusqu'à se percher sur les cornes des buffles quand ils baissent la tête pour paître.

En revenant de notre promenade, attirés par les sons de tambours de basque, de cymbales et de daraboukahs, nous nous dirigeâmes vers un café où nos matelots étaient attablés et devant lequel des danseuses déployaient leurs grâces.

Le reis vint au-devant de nous, avec toutes les marques du plus profond respect, et, nous baisant les mains, il nous demanda la faveur de nous offrir le café.

Nous ne crûmes pas devoir refuser cette offre, non plus que le calumet de paix, c'est-à-dire son propre narguileh, qu'il m'offrit et qu'il voulut allumer lui-même. Après avoir ainsi scellé la réconciliation, je payai à boire à tout le monde, ce qui nous valut des hourras universels, et nous nous séparâmes les meilleurs amis du monde.

Le soir nous mettions à la voile et le 15 au matin nous arrivions à Crocodilopolis, où il n'y a rien de curieux à voir, sauf quelques grottes dont les peintures ont été depuis longtemps détruites.

Le 16 nous nous arrêtons à Erment, l'ancienne Hermontès, cité fondée soit un peu avant, soit à la même époque que Thèbes.

Il y avait un ancien temple, depuis longtemps détruit : le temple actuel a été bâti par la célèbre Cléopatre, qu'on y voit représentée avec son fils Césarion, gentil pêché de jeunesse commis avec Jules César; les sculptures, d'un ordre inférieur, témoignent du commencement de la décadence des arts en Égypte.

La tradition, passant par la bouche de M. Wansleb, place à Erment le lieu de naissance de Moïse. Je ne sais si Moïse y est né, mais ce que je sais d'expérience, c'est qu'on y trouve des chiens d'un caractère fort peu sociable.

Ali m'avait beaucoup vanté les chiens d'Erment, en me conseillant d'en ramener un en France. Je vis un grand nombre de ces prétendus amis de l'homme, entre autres un énorme échantillon de l'espèce, qui se précipita sur moi et faillit me dévorer. Je reviendrai seul à Paris!

Nous voici à Louksor : avant de quitter ce point important, je vous parlerai un peu des ruines de Thèbes, que nous avons visitées..., et de M. et Mme M..., deux célébrités dans le monde du pays...; nous comptons rester une huitaine de jours à Louksor, où, dit-on, il y a des choses superbes....

Nous verrons bien!

LETTRE XX.

Louksor, 19 avril.

Cher ami, dans ma dernière lettre je promettais de vous parler de Thèbes.... et de M. et Mme M.... commençons par la famille M....

Dès qu'un voyageur français arrive à Louksor, dès que le pavillon tricolore se montre à la corne d'une cange, immédiatement on voit un pavillon semblable se hisser au bout d'une perche plantée sur une petite maison blanchie à la chaux, et s'assurer par un grand bruit d'artillerie. C'est le salut de bienvenue que donne M. M.... qui, du matin au soir, posté dans son salon, dont il a fait un observatoire, guette le passage des canges portant quelques compatriotes.

Le Français est curieux de son naturel, aussi ne manque-t-il pas d'interroger son drogman.

« Quelle est cette maison, qui en est le propriétaire ? »

Et de question en question vous arrivez à savoir bien des choses.... ou plutôt vous ne savez rien du tout..., car le drogman est un bavard qui se fait l'écho de tous les cancans de Louksor. Si donc je les répète moi-même — n'en croyez pas un mot — c'est affaire de vous amuser un moment.

Ali, bien ciré, bien frotté, revêtu de son plus beau costume, partit pour remettre nos cartes à M. et Mme M...; quelques instants après, un petit nègre de 16 ans, vêtu coquettement de soie brochée d'argent, vint nous apporter une invitation de M. et Mme M.... de nous rendre à leur demeure. Ce nom de Mme M.... flattait agréablement notre oreille, il y avait si longtemps que nous étions privés du plaisir d'entendre la voix d'une *vraie* femme! M. de B.... s'inspirant de M. Charles Didier, voulait débuter par demander à la femme de notre hôte la faveur d'un baiser : dans son charmant ouvrage *Cinq cents lieues sur le Nil*, l'aimable auteur rapporte qu'à Siout, ébloui par la vue d'une belle Levantine, il la salua respectueusement de cette demande un peu insolite :

« Madame, permettez-moi de vous embrasser. »

Et comme elle fixait sur lui de grands yeux noirs remplis de surprise :

« Vous êtes, ajouta-t-il pour excuser sa demande

un peu hardie, la première femme blanche que je vois depuis six mois! »

Elle se prêta, dit-il, gracieusement à un désir si légitime.... Mme M.... était aussi la première femme blanche que nous allions voir après trois mois passés sur le Nil!

Nous procédâmes à une toilette mirobolante.... pas une cravate ne nous paraissait assez fraîche, pas un col assez bien repassé.... et je n'eus pas de cesse que M. de B.... ne m'eût prêté un pantalon blanc, dont il était amplement fourni, tandis que mes effets, fatigués par un long voyage, commençaient à montrer la corde.

De notre cange, nous pouvions voir chez nos compatriotes un grand mouvement annonçant des préparatifs de réception. Les portes s'ouvraient et se fermaient, des ombres passaient derrière les jalousies, chacun avait l'air de se mettre sous les armes.

Quand nous crûmes le moment favorable, nous nous mîmes en marche, précédés par Ali, qui abdiquait ses fonctions de drogman pour prendre celles de valet de pied.

Nous entrons dans une cour, où sont déposés çà et là des statues, des blocs de granit et d'autres curiosités provenant des temples voisins et qui devaient se trouver fort dépaysées au milieu d'informes tas de bois et de monceaux de légumes qui gisaient dans tous les coins.

Nous montons les degrés chancelants d'un escalier de pierre et nous arrivons à une sorte de salon, dans lequel nous trouvons les maîtres du logis.

Mme M..., arrondie en chatte sur un sofa, disparaissait sous des flots de mousseline blanche; monsieur, étendu sur une chaise longue, tenait d'une main une pipe de six pieds, allumée pour la circonstance, et maintenait de l'autre un col rebelle qui lui montait jusqu'aux oreilles.

A notre entrée, M. M.... se leva et nous présenta à sa femme, qui nous tendit gracieusement la main..., puis nous prîmes des siéges et la conversation s'engagea.

Elle roula naturellement sur notre voyage, et M. M..., expert en lieux communs, nous donna de l'encens par-dessus les oreilles.

Laissons cette conversation, qui ne vous offrirait pas grand agrément, et permettez-moi de vous esquisser le portrait de nos hôtes.

M. M.... est d'une taille à ce qu'on puisse lui appliquer le refrain de la chanson :

T'es trop p'tit, t'es trop p'tit pour être militaire.

Il a la barbe rouge, les yeux ronds, la tête pointue.... et veuve de cheveux.

Pourquoi n'a-t-il plus de cheveux ? c'est une question délicate qu'on pourrait peut-être résoudre, si l'on en croit Mme M.... qui accuse vingt-cinq ans et dont les yeux noirs ne manquent pas de charme.... Pour moi, qui, comme son mari, ne me fais pas d'illusions, Mme M.... me parut friser la quarantaine, et commence à avoir la patte d'oie : son pied est assez bien, sa main fine et blanche et elle possède, au plus haut degré, l'art de minauder avec grâce.

Quant à l'âge de M. M..., c'est un mystère impénétrable..., et d'ailleurs il est si facile, grâce aux faux toupets, de déguiser la date de sa naissance.... demandez-le au duc de B..., qui possède autant de perruques en soie qu'il y a de jours dans l'année!

Quant à la position sociale de M. M..., il ne serait pas plus facile de la définir.

Aux yeux des consuls, c'est l'habitant de la maison de France...; aux yeux du public, il fait le commerce des grains...; pour tous les voyageurs, et surtout pour les Français, c'est un homme aimable et serviable, qui vous donne à dîner et vous sert du champagne..., vous dirige dans le choix de vos achats, et vous vend, au besoin, *uniquement pour vous faire plaisir*, les objets d'antiquités dont il fait le commerce, à la manière de ce bon M. Jourdain, qui n'était pas marchand, mais qui achetait du drap et le revendait à ses amis dans le seul but de les obliger.

Les mauvaises langues prétendent bien que M. M.... fabrique lui-même une partie des antiquités qu'il vous vend, n'en croyez pas un mot..., il a déballé devant moi une véritable momie, dont il m'a vendu le contenu à beaux deniers comptants.

Au reste, et pour vous mieux édifier sur le compte de M. M.... et sur l'honnête industrie qu'il exerce, je vais vous rapporter textuellement une conversation que nous eûmes ensemble.

La scène est dans son cabinet, il fait passer sous mes yeux des scarabées, montés en chaîne de montre, des bracelets qu'il tire précieusement d'un tiroir où ils sont renfermés avec soin et qu'il semble craindre de laisser voir..., pourquoi? je n'en sais pas le premier mot. J'admirais tout, mais je montrais peu d'enthousiasme, connaissant le bon cœur de mon hôte et craignant d'abuser de sa trop grande facilité à se débarrasser de ce qu'il possède.

« Tenez, me dit-il, voici une chaîne de montre composée de scarabées ravissants..., tout ce qu'il y a de plus antique....

— Il y a donc des scarabées plus ou moins antiques? »

Il se mordit les lèvres.

« Entendons-nous.... tout ce que j'ai est antique..., seulement les uns remontent aux premiers pharaons et les autres au temps d'Auguste.

— Ah!... très-bien.

— Cela vous ferait une jolie chaîne de montre!

— Oui..., j'aurais l'air d'un marchand de crayons!

— Mais pas du tout..., c'est très-bien porté...,

voyez, j'en porte moi-même.... Vous avez peut-être rencontré, sur le Nil, MM. F.... et Dec.... (ces messieurs étaient ceux avec lesquels nous avions fraternisé en route). Eh bien! continua-t-il, ils m'ont tant prié que, pour ne pas les désobliger, j'ai dû leur céder une partie des objets que je réservais pour moi-même!

— Ah! pauvre M. M...., quel sacrifice vous avez fait là au plaisir d'obliger le prochain!

— J'en suis encore tout triste! j'avais ici une des plus belles collections des armes du Soudan, des flèches, des lances et autres objets qu'un Arabe, gêné dans ses affaires, m'avait prié d'acheter.... Je n'en avais aucun besoin, mais je ne pus résister au plaisir d'obliger cet homme.... et je pris la marchandise.... à bon compte.... M. D.... m'a tant supplié de lui céder ces armes, que j'ai fini par y consentir.... Eh bien! vous me croirez si vous voulez, il m'en a coûté de m'en séparer..., je m'y étais attaché..., n'était le désir d'être agréable à M. D..., je ne m'en serais dessaisi à aucun prix..., et, sur ma parole, j'ai perdu dessus.... »

J'ai cependant appris depuis que M. D.... avait payé ces armes un assez bon prix — deux mille francs, je crois..., plus du double de ce qu'elles valaient, — mais M. M.... est si bon!

« Dans la journée, — c'est toujours M. M.... qui parle, — j'avais montré à ces messieurs une parure de scarabées, qui appartenait à ma femme, et ils avaient été ravis d'admiration. Dans la crainte qu'ils ne me la demandassent et pour éviter un refus qui m'eût été désagréable, je me hâtai de les prévenir que cette parure m'avait coûté un prix fou et que d'ailleurs j'en avais fait hommage à ma femme.... Mais bah! j'en fus pour mes frais d'éloquence. « Mon « cher M. M..., me dit M. D..., il me faut absolument « cette parure..., si je ne l'emporte pas, mon voyage « est manqué! » J'eus beau lui dire que la chose n'était pas possible, que la parure appartenait à ma femme..., il n'en démordit pas.... et s'en alla tout triste. Il partait le lendemain matin...; le soir..., il était plus de minuit..., il revint frapper à ma porte.... « Mon « cher M..., me dit-il, il me faut à tout prix la parure « de votre femme..., j'en suis fou.... de la parure..., « elle m'empêche de dormir.... » Ma foi, ne voulant pas troubler plus longtemps le repos de ce brave garçon, je fus réveiller ma femme, et après m'être concerté avec elle, je remis la parure à M. D.... Il est aujourd'hui l'heureux possesseur des plus beaux scarabées de l'Égypte! »

Qu'en dites-vous? et n'êtes-vous pas persuadé maintenant que M. M.... ne fait pas le commerce des antiquités?

Ali, le plus grand bavard de la terre, ne prétendait-il pas que les liens qui unissaient le couple M.... n'étaient pas des plus catholiques!... Il allait jusqu'à dire que madame appartenait, en légitime mariage, à certain tailleur, habitant actuellement le Caire, et que monsieur possédait à Marseille une femme légitime.... qui pleurait son absence.... Le petit séducteur aurait depuis longtemps, toujours suivant Ali, abandonné le foyer domestique et était tombé amoureux, au Caire, de la femme de son tailleur; il l'aurait enlevée sur une cange, non pas pour descendre gaiement le fleuve de la vie, mais pour remonter paisiblement le fleuve du Nil et venir échouer à Louksor....

Je vous raconte tout cela, comme si j'y ajoutais foi.... Ce n'est pas moi, c'est Ali qui parle.... et il a une langue dorée si bien pendue!

Vous dire à quel titre M. M.... habite la maison de France..., je n'en sais rien.... Mais d'abord, allez-vous me demander, qu'est-ce que la maison de France?

Lorsqu'en 1831 le gouvernement français obtint du pacha d'Égypte l'autorisation d'enlever l'un des deux obélisques, placés à l'entrée d'une longue avenue de sphinx qui conduit à l'un des plus beaux temples de l'ancienne Thèbes, on construisit, sur les ruines d'un petit temple, une maison pour le personnel de la mission chargée de cette opération délicate. Cette maison fut nommée « la maison de France. »

Après le départ de la mission, la maison fut fermée et était depuis assez longtemps dans cet état..., lorsqu'un beau jour elle se rouvrit.... Un champignon y avait poussé..., et ce champignon était M. M..., orné de son épouse.

Mlle Rachel, notre célèbre tragédienne, si prématurément enlevée à l'art et à ses amis, a habité pendant quelque temps la maison de France ; la science, à bout de remèdes, lui avait conseillé le séjour de l'Égypte. M. M..., avec sa bienveillance habituelle, l'accueillit dans son nid, la réchauffa dans son sein... et lui loua..... une partie de sa maison. Une abstinence complète de plaisirs, une grande régularité de vie étaient prescrites à la malade.... Suivit-elle ces prescriptions? Il est permis d'en douter, car elle revint d'Égypte plus malade encore qu'elle n'y était allée.

Dans sa philanthropie et son amour d'exercer l'hospitalité, M. M.... fait bâtir en ce moment, à côté de la maison de France, une maison entièrement disposée pour les personnes qui voudront bien l'honorer de leur confiance : elles y trouveront tout le confortable désirable : un joli jardin, des fleurs, la vue du Nil et la société de M. et Mme M..., et tout le reste enfin..., le tout au plus juste prix ! J'ai l'air de faire ici une réclame pour la maison M..., et quand cela serait? je devrais bien ce souvenir à l'accueil *désintéressé* de monsieur et à l'amabilité de madame.

Quand nous prîmes congé, nos cartes furent déposées dans une coupe en filigrane d'argent, qui se trouve sur la table du salon, en compagnie de celles dignes du meilleur monde, dont M. M.... se flatte d'être le meilleur ami.... Après notre départ, nous ne pouvons manquer de figurer dans sa litanie.

Mais, quittons la maison M.... et revenons à Louksor, l'ancienne Thèbes, la Diospolis Magna des Grecs, dont je voudrais vous décrire les merveilles.

Cette tâche serait longue et difficile à remplir, s'il me fallait la remplir en entier; mais ne craignez rien, je ne vous ferai part que de mes impressions personnelles: assez de livres ont parlé de Louksor..., et je n'ai rien découvert de nouveau. Ce n'est pas que, pendant mon séjour en Égypte, je n'ai pas, moi aussi, été tenté de *remuer les cendres des pharaons*, phrase classique et consacrée, mais j'ai reculé devant la fatigue et l'incertitude de trouver quelque chose qui en valût la peine..., une seule fois.... je m'y suis hasardé.... Rappelez-vous mon petit bœuf Apis!...

Les sculptures, les peintures gisent de tous côtés, et, gravées sur leurs débris, l'on pourrait lire aussi facilement que dans un livre l'histoire des pharaons.

Parmi les ruines imposantes de l'antique Thèbes, la ville aux cent portes, quatre choses appellent particulièrement l'attention du touriste et excitent sa curiosité qu'elles satisfont pleinement, ce son quatre merveilles : le *Memnonium*, les *tombeaux des rois*, les statues de *Memnon* et *Karnack*, le reste disparaît devant ces chefs-d'œuvre de l'architecture et de la statuaire antique.

Louksor, petit village bâti au milieu des débris de l'ancienne Thèbes, et qui compte à peine quelques centaines d'habitants, est devenu populaire en France par l'un des obélisques du temple d'Ammon qui fut donné à la France par Mehemet-Ali et amené intact, après des travaux et des obstacles de toute espèce, sur la place de la Concorde à Paris, où il fut dressé, en présence du roi Louis-Philippe et aux applaudissements d'une foule immense, par M. Le Bas, habile ingénieur de la marine[1].

Le village de Louksor est un nid de fellahs; et quand je dis un nid, je suis dans le vrai, car leurs huttes sont enchâssées au milieu des colonnes du temple, perchées sur des chapiteaux, enfoncées dans le sable, accrochées aux flancs des colosses, comme des nids de passereaux aux murs d'une église. Pauvre peuple! qui brise les monuments de ses ancêtres pour se construire des niches où nous ne voudrions pas mettre nos chiens! qui montre avec orgueil, au lieu de rougir de honte, ces ruines qui attestent de sa décadence!

Je ne sais si je vous ai dit que la maison de

1. Voir le *Précis des opérations relatives au transport de l'un des obélisques de Louksor*, etc., lu par M. de Laborde, à la séance publique de l'Institut, le 3 août 1832.

France était bâtie sur les pilastres d'un temple : l'emplacement n'est pas heureusement choisi, au dire de M. Mad. M.... Elle reçoit fréquemment la visite d'hôtes fort désagréables à héberger, tels que des lézards, des scorpions, etc.... elle aimerait beaucoup mieux héberger des visiteurs tels que nous !

A propos de visites, il faut que je vous dise un mot de celle que nous avons faite à un cophte, agent, je crois, de l'Autriche à Louksor, mais qui, à ses fonctions officielles, joint la profession, plus lucrative, de marchand d'antiquités : je tiens à consacrer quelques lignes au souvenir de ce brave homme, qui nous a vendu sa marchandise très-cher, c'est vrai, mais qui, au moins, nous a montré quelques bons sentiments et nous a donné une preuve de gratitude d'un léger service que nous lui avions rendu.... la chose est si rare, en Égypte, qu'elle mérite d'être notée.

Donc, après nous avoir vendu le plus cher possible quelques antiquités, d'une antiquité peut-être douteuse, mais la question n'est pas là, le marchand est marchand avant tout, ce brave cophte, il se nommait Théodore, si j'ai bonne mémoire, se plaignit d'éprouver depuis quelque temps des accès de fièvre, dont il ne pouvait se débarrasser, et recourut à nos lumières.

Sans être un grand médecin il n'était pas difficile de deviner que Théodore avait pris les fièvres du pays : grâce à quelques prises de quinine, dont nous étions abondamment pourvus, au bout de trois jours la fièvre disparut.

Heureux d'avoir guéri cet homme, nous avions tout à fait oublié le résultat de notre médication, lorsque, après une visite de remercîments qu'il nous fit, nous trouvâmes déposés sur une table deux paquets d'excellents cigares, cadeau précieux, car nous commencions à en être fort à court : le brave homme avait remarqué l'état de notre provision, un jour que nous ouvrions notre boîte en sa présence, et il s'était ingénié pour combler le vide. Où avait-il déniché ces cigares, je l'ignore, car ils sont rarissimes à Louksor; ce que je sais, c'est qu'ils étaient admirablement secs et que nous les fumâmes avec délices. Le cadeau était peu de chose par lui-même, mais l'attention était délicate, et d'autant plus appréciable que la reconnaissance n'est pas la vertu favorite des Égyptiens.

Donc, à Théodore nos palais reconnaissants ont consacré ce souvenir !

J'ai parlé de l'ingratitude égyptienne, je suis cependant loin de prétendre que ce peuple soit privé de toute qualité : il est intelligent, il conçoit rapidement, ne manque pas de moyens; mais, soit paresse, soit insouciance, ces qualités restent à l'état d'ébauche. D'une nature malléable, l'Égyptien est propre à tout ; son imagination impressionnable le rend accessible aux sentiments d'émulation, et, si l'on parvient à l'exalter, il est capable des plus grandes choses. Mais l'étincelle manque! dans son enfance il est adroit de ses mains, vif, enjoué, spirituel : arrive l'âge viril et il devient mou, froid, sérieux : sa figure prend un aspect austère et mélancolique.

Sous les haillons dont il est couvert, l'Égyptien musulman conserve un caractère de distinction : il se tient droit, il porte haut la tête, sa démarche est lente et mesurée, tous ses mouvements semblent calculés et ne sont cependant pas étudiés. Rien, dans sa physionomie, dans ses gestes, ne révèle cette vivacité, cet enjouement naturel en Europe aux peuples méridionaux. Dans ce visage impassible, dans ces traits que rien ne peut animer, on chercherait vainement la trace d'une impression intérieure : sous ce masque de bronze il serait difficile de deviner un bon ou un mauvais sentiment.

L'Égyptien parle peu et ne parle qu'après mûre réflexion : sa voix est forte et perçante.... il s'exprime d'un ton élevé, et l'on pourrait croire qu'il dispute, quand il ne fait que discuter.

La population égyptienne est généralement laide : on la taxe de malpropreté, et ce n'est pas sans raisons; si elle était plus propre, peut-être paraîtrait-elle plus belle, car la race par elle-même n'est pas sans cachet.

On doit principalement attribuer cet abandon de soi-même à la dégradation morale qui se remarque chez l'Égyptien : et je ne parle pas seulement de la classe inférieure, mais de la classe même jouissant d'une certaine aisance.... et cette dégradation ne doit être attribuée qu'au joug sous lequel gémit l'Égypte entière. Donnez au peuple la liberté, et il ne tardera pas à se régénérer.

Comment? allez-vous peut-être me dire, ces gens que vous avez dépeints comme courbés sous le bâton, accablés d'impôts qu'ils payent sans se révolter, baisant presque la main qui les frappe, vous voudriez, d'un coup de baguette, les régénérer tout à coup?

Je ne dis pas cela, mais, pour tout homme de cœur, ce spectacle est pénible, et il rêve aux moyens d'améliorer le sort d'une nation aussi malheureuse, avec tous les éléments du bonheur.

Le pli est pris depuis longtemps, et je sais qu'il sera difficile de ramener l'Égyptien au sentiment de sa propre dignité. On lui a tellement répété qu'il était moins qu'un chien, qu'il a fini par le croire; on lui a si bien persuadé que le bâton est indispensable pour faire marcher toute chose, que, sans le bâton, il croirait la patrie en danger; on lui a si bien représenté l'Européen comme une divinité inviolable, qu'il se prosterne devant lui, baise ses pas, et subit, sans mot dire, les injures et les coups.... il est vrai que s'il les rendait, il lui en coûterait cher.... il y va des galères et même de la tête!

Quant à se battre, à s'estropier et même à se tuer entre eux, la chose est parfaitement licite; pourvu que le coupable ait un peu de ruse, et surtout un peu d'argent, il peut être tranquille : en Égypte, le bandeau de la justice est beaucoup plus épais que partout ailleurs.... et la bonne déesse est très-friande des épices!

Voyez si je me corrigerai jamais, cher ami : j'avais taillé ma plume pour vous conduire au Memnonium, et voilà que je me suis égaré en route! rattrapons donc le temps perdu.... Montez dans ce canot, traversons le fleuve et enfourchons les chevaux qui nous attendent, sellés et bridés, sur la rive.

Je n'avais jamais tâté des selles arabes, je m'en tiendrai à l'expérience que j'ai faite aujourd'hui : c'est dur, c'est incommode, et c'est dangereux; au moindre mouvement du cheval, vous êtes jeté en avant ou en arrière, au risque de vous blesser sur le pommeau ou sur l'arçon qui vous encaisse comme dans une boîte.

Nous traversons des champs semés de tabac : des fellahs sont occupés à élaguer les feuilles et à arroser le terrain. Quelques-uns quittent le travail et accourent vers nous pour nous montrer quelques soi-disant curiosités qu'ils veulent nous vendre.... un scarabée, des enveloppes de momies, le nez ou autre chose d'une statue, etc., etc. Ils tirent ces objets de dessous leur sale chemise, et nous les examinons en nous bouchant le nez.... si vous en achetez, soyez sûr que vous serez volé!

Nous voici arrivés au Memnonium, que Champollion a reconnu pour l'Aménophion des Grecs. C'est le rival du palais de Karnak que, pour ma part, je lui trouve supérieur; cet édifice appartenait au roi Aménophis III, appelé Memnon par les Grecs.

En entrant dans le temple vous voyez tout d'abord une statue colossale du roi, assis sur son trône, les mains collées aux genoux, comme on représente d'ordinaire les rois d'Égypte, avec cet air calme et paisible d'un guerrier qui se repose de ses fatigues: quand je dis vous voyez.... vous vous figurez voir.... car il vous faut recomposer en imagination cette statue énorme dont les débris gisent autour du piédestal.

Pour la symétrie de l'architecture et l'élégance des sculptures, le Memnonium est regardé, à juste titre, comme le monument le mieux conservé de l'Égypte.

La pièce principale de l'édifice est une salle à laquelle on accède par trois entrées : chaque entrée a une porte sculptée en granit noir. Entre les deux premières colonnes de l'avenue centrale, sont deux statues de rois supportées par d'énormes piédestaux.

Douze colonnes massives, de trente-deux pieds de hauteur, sans le chapiteau, et de vingt et un pieds de circonférence, formant une double ligne au centre de cette salle, et trente-six autres colonnes, de plus petites dimensions (dix-sept pieds de circonférence), complètent un total de quarante-huit colonnes, supportant un plafond semé d'étoiles d'or sur un fond d'azur.... figurez-vous le plafond de Notre-Dame de Paris, que l'on a eu, il y a quelques années, la malencontreuse idée de transformer en voûte céleste.

C'est quelque chose de surprenant de voir comment l'or, l'outremer et diverses autres couleurs ont conservé leur éclat jusqu'à présent.

A voir cette salle immense, on se représente l'imposant spectacle que devait offrir le roi et sa cour assistant à quelque cérémonie religieuse.

A cette salle succèdent trois chambres centrales et six latérales. Il faut gravir quelques marches pour y arriver, et l'on peut se faire une idée de la pente du roc sur lequel est bâti l'édifice.

Après le temple le plus régulier, passons à celui qui est peut-être le plus fantaisiste de tous, le temple du vieux Kourneh.

Élevé par Séthi Ier, ce monument fut complété par son fils Sésostris. Il était dédié à Amon, le Jupiter thébain; on y entre sous un pylône, sur lequel au nom du fondateur est ajouté celui de Rhamsès III. Devant ce pylône est une avenue de cent vingt-huit pieds de long, dont on peut encore voir les sphinx mutilés, au milieu de cabanes de fellahs. Une seconde avenue conduit à un frontispice dont les colonnes, appartenant à l'un des ordres les plus anciens de l'architecture égyptienne, sont couronnées d'un chapiteau, autour duquel circulent des feuilles sculptées de plantes aquatiques, le nénufar, le papyrus, le lotus, dont les tiges partent du bas des faîtes des colonnes.

Sur la porte est sculpté le portrait de Sésostris ; en sa qualité de pharaon, on l'a représenté recevant d'Amon-Ré, le dieu à tête d'épervier, l'emblème de la vie.... puis vient la litanie de tous les titres du roi et enfin la dédicace du temple :

« Rhamsès, le bien-aimé d'Amon, a dédié cet ouvrage à son père Amon-Ré, le roi des dieux, après avoir ajouté, en son honneur, des constructions nouvelles au temple élevé par son père, le roi Séthi, fils de Ré et de la Vérité. »

Nous remontons à cheval et, en un temps de galop, nous voici aux pieds des deux statues gigantesques de Memnon.

L'un de ces deux colosses passait pour faire entendre des sons harmonieux dès qu'il recevait les premiers rayons du soleil levant. Plusieurs anciens attestent ce fait, dont aucun voyageur moderne n'a pu être témoin. L'Anglais Wilson, qui parcourait naguère l'Égypte, émit l'opinion que la merveilleuse harmonie qui a rendu célèbre cette statue, devait être attribuée à quelque pierre sonore cachée dans ses vastes flancs, et qu'un homme, placé dans une niche intérieure, frappait avec une baguette de fer.

Je serais d'autant plus porté à adopter cette version que je me suis, pour quelques piastres, payé le plaisir de voir un indigène aller s'asseoir, au risque de se rompre les os, sur les genoux du monstre et lui frapper le ventre d'où sortit en effet un bruit mystérieux.

Les deux statues, Chaamy et Taamy, comme on les dénomme aujourd'hui, sont assises côte à côte, semblant réfléchir sur la décadence de l'Égypte : elles se dressent au milieu de la plaine comme deux mauvais génies.

Ces statues ont été construites au moyen de blocs de grès superposés, et il est extraordinaire qu'avec la friabilité de cette pierre, elles soient encore en bon état de conservation, malgré le Nil qui les inonde annuellement de tous côtés.

Au moment où je vous écris, elles sont entourées de plantes de tabac dont le parfum doit leur monter au nez.

Les Égyptiens ont employé d'abord la chaux pour leurs édifices, même dans la Haute-Égypte, jusqu'au commencement de la dix-huitième dynastie; cependant les pharaons de la douzième avaient déjà employé le grès de Silsilis, pour construire les murs et les colonnes de leurs plus grands temples; pendant la dix-huitième dynastie, le mérite de ce grès fut si bien reconnu, qu'à partir de cette époque il fut exclusivement employé pour les monuments de la Thébaïde.

La journée suivante se passa à visiter les tombeaux des rois des dix-huitième, dix-neuvième et vingtième dynasties. Ils sont taillés dans la roche calcaire et ressemblent plutôt à des palais qu'à des sépulcres souterrains. L'entrée en est simple, mais après avoir passé le seuil de la porte, on parcourt de grandes galeries, ornées de sculptures d'un beau style et qui ont conservé l'éclat et la fraîcheur des peintures qui les recouvrent.

Ces galeries conduisent à la salle principale, appelée « la Salle dorée, » au milieu de laquelle reposait, comme dans toutes les autres, une momie royale dans un énorme sarcophage en syénite. Le plus grand et le plus magnifique de ces tombeaux est celui des successeurs de Rhamerri, Rhamsès-Meiamoum. Une des petites salles qui en dépendent est décorée de sculptures représentant les travaux de la cuisine, une autre les meubles les plus somptueux, une troisième des armes de toutes espèces et tous les insignes militaires des légions égyptiennes.

Les pharaons, en vertu de cet axiome de morale « que commencer à vivre, c'est commencer à mourir, » prenaient leurs précautions longtemps à l'avance, et, dès leur avénement au trône, bâtissaient à la fois un palais et un tombeau, faisant ainsi marcher de front les jouissances du présent et les préoccupations de l'avenir. N'en agissons-nous pas de même, nous qui achetons au Père-Lachaise une concession à perpétuité et y faisons élever une maison funéraire pour recevoir nos corps au moment du dernier déménagement ?.... Ces pharaons, au milieu de leurs gloires et de leurs splendeurs, n'oubliaient pas qu'ils étaient hommes et qu'ils devaient mourir !

L'emplacement des sarcophages répond à leur destination. Perdus au milieu d'un désert, ils se cachent dans les flancs de montagnes calcaires, et ce n'est qu'à force de recherches pénibles qu'on est parvenu à en découvrir quelques-uns.

La nature est en harmonie avec le sentiment religieux qui avait inspiré les rois pour le choix de leur demeure dernière.... du sable, des rochers, le calme, le silence, pas une fleur, pas un brin d'herbe, pas une trace de végétation, pas un insecte, pas un être vivant,... si ce n'est quelque chacal rôdant aux alentours et faisant retentir ses gémissements plaintifs.

Ces catacombes ne sont pas toutes de même

grandeur.... elles sont proportionnées à la longueur du règne et à la longévité du roi. Quand il mourait avant que son tombeau fût terminé, on ne l'y enterrait pas moins..... mais alors les travaux restaient inachevés. Un lac, aujourd'hui desséché, conduisait la royale momie au seuil de la funèbre vallée; on la plaçait dans le sarcophage, on murait la porte, et tout était dit.

C'est ainsi que j'ai pu voir des salles dont les peintures n'étaient pas encore achevées, et me rendre compte du mode qu'on employait alors pour peindre : on traçait une esquisse au crayon, on accusait les contours à l'aide du pinceau, après avoir pris la précaution préalable de quadriller le mur; des raies horizontales et verticales, tracées à la craie et formant un quadrille régulier, sont encore parfaitement visibles; puis sur ce quadrille on travaillait, comme on fait aujourd'hui sur un canevas de tapisserie.

La texture des grès de Silsilis et autres carrières étant moins propre à recevoir les couleurs que la chaux, la surface des murailles était préparée et enduite d'une composition calcaire qui rendait plus facile l'exécution des peintures, tout en empêchant la muraille d'absorber une trop grande quantité de couleurs.

Les peintures étaient généralement faites à l'eau et peuvent s'enlever par le frottement d'un linge;

cependant, dans quelques tombes, elles sont fixées avec un vernis placé sur la surface.

Rien ne prouve, comme quelques personnes l'ont avancé, que les couleurs aient été préparées avec de l'huile. Les rouges et les jaunes étaient incontestablement de l'ocre; les vertes et les bleues étaient extraites du cuivre et, bien que d'un beau brillant, la qualité en était plus grossière. Le blanc était une craie très-pure, réduite en poudre impalpable; le rouge, l'orange et les autres nuances composées procédaient des couleurs mères que je viens d'indiquer.

Pour préserver des peintures aussi délicates contre l'intempérie des saisons, on avait dû prendre de minutieuses précautions, et, bien que le climat de l'Égypte fût très-sec, les architectes s'étaient attachés à rendre toute infiltration impossible. Indépendamment de l'ajustage parfait de toutes les pièces et de la cémentation, à l'aide d'un mortier compacte, de toutes les parties de la toiture d'un temple, il était encore protégé par des pierres avançant, entaillées de huit pouces de chaque côté, afin d'ôter à l'eau tout moyen de pénétrer, même par la moindre fissure.

Pour visiter ces tombeaux, il faut, comme vous pouvez bien le penser, se munir d'une provision de torches et de bougies : le spectacle est vraiment curieux quand toutes ces chambres sont éclairées de ces lueurs rougeâtres; un essaim de chauves-souris chassées de leurs retraites par cet éclairage importun, voltigeant de tous côtés au-dessus de vos têtes, semblent vous reprocher d'être venus profaner le séjour des morts et troubler leur repos.

Tout ce que nous avons vu jusqu'à présent l'imagination pouvait l'embrasser, l'esprit le concevoir; mais voici le bouquet.... Nous sommes au palais de Karnak.

Karnak, à en juger par ses immenses ruines, est le plus grand monument de l'Égypte et peut-être du monde : plusieurs dynasties ont successivement contribué à l'agrandir, le voyageur ne peut contenir son admiration à la vue d'une longue avenue d'obélisques, hauts de soixante-dix pieds, aujourd'hui renversés, mais qui jadis étaient debout.

Des forêts de colonnes, des propylées dont la tête se perd dans les nues, des obélisques en granit de toutes les couleurs, des portiques, des statues, tout cela gît pêle-mêle, une partie debout, le plus grand nombre renversé ou chancelant et prêt à tomber. Le marbre, le porphyre, le granit ont été prodigués avec une profusion qui étonne.

Cet édifice était tout à la fois un temple et un palais, c'était une ville entière, et bien qu'on en ait enlevé une quantité considérable de blocs, il y reste encore plus de matériaux qu'il n'en faudrait pour bâtir trois rues de Rivoli.

Je fus tellement ravi de mon excursion, que je retournai plusieurs fois de suite à Karnak. Je me promenais, l'autre soir, au milieu de ces ruines; la lune leur prêtait un aspect fantastique, et j'errais au hasard, lorsque tout à coup une ombre se dressa devant moi.... j'eus le frisson.... je crus voir l'ombre errante d'un ancien habitant du temple, venant me reprocher de troubler son repos.... mais il n'en était rien.... le revenant était de chair et d'os.... c'était une exilée du Caire, une malheureuse almée, poussée par la misère, qui venait exercer en ces lieux sa misérable industrie. Dans ce palais qu'avaient habité des rois, dans ce temple où les prêtres offraient les sacrifices, où les vierges tressaient des couronnes pour la divinité du jour, Apis, le bœuf sacré, errent maintenant des courtisanes, le rebut de la population. Ce spectacle est profondément triste. Après avoir donné quelque monnaie à la pauvre créature, en lui faisant signe de s'éloigner, je regagnai la cange, où le souvenir de ce que je venais de voir me poursuivit toute la nuit.

Après avoir passé une semaine entière à Louksor, nous nous décidons enfin à continuer notre route.

Le 24 avril au matin nous mettions à la voile. Notre ami Théodore et l'habitant de la maison de France étaient à leur poste, l'artillerie tonnait, les pavillons flottaient, et, quand la barque passa devant certaine maison, une fenêtre s'ouvrit discrètement..... un joli bras agita un mouchoir, et ma foi, faut-il le dire, une charmante bouche nous sourit et deux beaux yeux nous suivirent longtemps sur le Nil.

LETTRE XXI.

Beni-Hassan, 1er mai.

Nous marchons lestement et la cause en est facile à deviner : nous descendons le Nil et il reste peu de chose à voir sur la route.... Et puis, faut-il vous le dire, après les magnificences de Louksor, rien ne m'offre plus d'intérêt. Pour l'acquit de notre conscience, nous nous sommes cependant arrêtés à Denderah, à Keneh, à Girgeh, mais nous n'y avons pas fait long séjour.

Nous sommes aujourd'hui à Beni-Hassan, et je reviens de visiter des grottes fort curieuses et qui m'ont beaucoup intéressé.

Ces grottes servaient de tombeaux à de simples particuliers, et les peintures qu'on y voit encore sont peut-être plus propres à éclairer sur les habitudes et les mœurs de l'ancienne Égypte, que celles qui existent dans les tombeaux des rois que j'ai visités à Louksor.

La population égyptienne — au dire des anciens auteurs — était sombre, sérieuse, absorbée par l'amour du gain et les spéculations : à voir les peintures que nous avons sous les yeux, dans cette nécropolis, on ne s'en douterait guère.

Cette visite aux grottes de Beni-Hassan, qui m'a fourni l'occasion d'étudier sur place les mœurs et les coutumes des anciens Égyptiens, m'a remis en mémoire ce que j'avais déjà lu dans divers auteurs : ces détails pourront avoir, je l'espère, quelque intérêt pour vous.

Il est à remarquer que dans l'ancienne Égypte, le sort des femmes était tout différent de ce qu'il est aujourd'hui. Tel était le respect qu'on leur portait, que partout elles avaient le pas sur les hommes. Dans l'État, la loi du droit d'aînesse était en vigueur et les filles de rois succédaient à leur père.

Certains auteurs ont prétendu que les prêtres égyptiens n'avaient le droit de contracter qu'un seul mariage, tandis que la polygamie était permise au reste de la nation.

Il suffit d'avoir visité les grottes de Beni-Hassan pour constater, avec Hérodote, que la dernière assertion manque de vérité. En effet, dans chaque tombeau, on n'a jamais trouvé que deux momies :

la façon dont elles sont placées, l'une à côté de l'autre, indique suffisamment la bonne intelligence qui devait régner, de leur vivant, entre les époux; s'il nous fallait une autre preuve du respect des Égyptiens pour les liens sociaux, nous la trouverions dans la conduite de Pharaon, au sujet de la sœur supposée d'Abraham.... conduite qu'on pourrait opposer aux habitudes de bien des princes de cette époque.... et même d'époques plus rapprochées de nous!

Dans les peintures de ces grottes, on trouve de curieux renseignements sur les habitations des anciens Égyptiens.

Comme dans tous les climats chauds, les classes inférieures de la population vivaient en plein air, les maisons des gens riches étaient construites de façon à être ventilées facilement; des courants d'air habilement ménagés entretenaient une douce fraîcheur; on arrivait aux habitations par des avenues bien ombragées; des portiques, soutenus par des colonnes, donnaient accès dans les appartements; de petits pavillons, isolés de la maison principale, étaient construits au milieu de plantations de palmiers.

Sur les terrasses des étages supérieurs, des espèces de volets, mobiles et à jour, étaient disposés de manière à laisser pénétrer les vents de nord-ouest, qui répandaient la fraîcheur dans la maison. Au reste, les habitations modernes du Caire offrent un spécimen exact de ces antiques demeures.

Dans chaque chambre se trouvaient, dessinés sur les murs, des portraits de famille et des scènes de la vie domestique; tout autour régnaient des corniches ornées de fleurs, de fruits, en peinture et en sculpture. Les Égyptiens semblent avoir porté le culte des fleurs au plus haut degré, car on les retrouve partout dans les ornements de leurs maisons.

A chaque visite, l'étranger recevait, en signe de bienvenue, un bouquet de fleurs naturelles : c'était le café et la pipe de l'époque. Dans les festins on représente les convives, non-seulement une fleur de lotus, ou toute autre à la main, mais encore la tête et le cou entourés d'une guirlande.

Dans les peintures que je viens de voir, tout est si admirablement détaillé que j'aurais pu me croire au milieu d'une famille égyptienne, assister à ses réceptions et à ses fêtes. Comme vous n'avez pas voulu jouir de ce spectacle, je vous engage à lire l'ouvrage de Wilkinson qui le retrace très-exactement, — je puis l'affirmer *de visu*, — votre parfaite connaissance de la langue anglaise vous rendra cette lecture facile.

Ces fresques nous apprennent qu'en Égypte le miel jouait un grand rôle, pour deux objets principaux : les usages domestiques et les offrandes aux dieux. Le miel de Benba, nommé depuis Athredis dans le Delta, a joui pendant longtemps d'une grande réputation : un pot de miel fut un des quatre présents envoyés par John Mekankes, gouverneur de l'Égypte, à Mohamed.

Dans quelques maisons de plaisance on rencontrait, à côté des jardins potagers, de véritables parcs, sortes de petits paradis, renfermant des viviers pour le poisson, des garennes pour le gibier, des basses-cours pour la volaille, voire même quelquefois des enceintes palissadées où des chèvres sauvages, des gazelles et d'autres animaux recevaient des leçons de civilisation, jusqu'à ce qu'ils fussent offerts en holocauste sur la table des gourmets de l'époque.

La chasse était en grand honneur ; on chassait dans les garennes et quelquefois même on jetait un filet au milieu du désert pour rassembler le gibier qu'on poursuivait, à coups de flèche, avec des chiens.

Ces grottes sont vraiment une mine inépuisable de renseignements sur l'ancienne Égypte. Après ce que je viens de vous décrire, j'ai pu voir le rôle que jouait le vin dans les cérémonies sacrées ; il était d'espèces différentes, le plus souvent de trois ou quatre, ainsi qu'il est indiqué dans des cartouches placés aux coins des fresques.

Suivant Hérodote, on commençait par arroser d'une libation la place où se trouvait la victime.

Si l'on s'en rapporte à Plutarque, à Héliopolis, l'usage du vin était défendu dans les temples et les prêtres devaient même s'en abstenir toujours. La consigne était, à ce qu'il paraît, moins sévère — toujours au dire du même auteur — dans les temples des autres villes. Cependant la consommation permise était réglée par une loi. A de certaines époques solennelles de purifications et d'abstinence, l'usage du vin était entièrement proscrit aux prêtres.

Quant aux populations, elles avaient liberté pleine et entière de s'abreuver à leur soif, et elles en usaient largement, s'il faut en croire les scènes d'ivresse peintes sur les murailles. On peut se convaincre, en les examinant, que même les femmes ne se faisaient pas faute de cette jouissance et d'autres encore qui sont peut-être un peu trop vivement accusées sur les murs.... les scènes d'orgie abondent et l'on ne voit que femmes ivres, soutenues par des esclaves qui semblent montrer de la répugnance pour les excès de leurs maîtresses.

Tout cela est peint avec une vérité, une bonhomie, un cachet de naïveté qui excitent un fou rire et amusent autant qu'un album de caricatures de Gavarni ou de Daumier — ces deux rois du genre.

Il paraît certain que la consommation du vin était considérable en Égypte, et, suivant Hérodote, elle dépassait tellement les produits du pays que, deux fois par année, on en importait des quantités considérables de Phénicie et de Grèce.

En vain les prêtres, avec leurs figures de rabat-joie, apparaissent-ils dans ces peintures pour gourmander les buveurs; les sermons semblent avoir peu de succès, car on ne voit qu'ivrognes emportés sur le dos de leurs esclaves.

Dans ces scènes ne figurent cependant que des gens de la basse classe : on les voit dans les postures les plus bouffonnes et même les moins décentes, dansant sur la tête, les pieds en l'air.... puis la fête se termine par des rixes absolument comme cela se voit encore de nos jours dans les saturnales de même espèce.

Outre le vin, il y avait encore une excellente bière, nommée *zythus;* cette boisson était en grande faveur chez le peuple.

Les Égyptiens ne négligeaient aucun moyen pour l'amusement de leurs hôtes : musique vocale et instrumentale, bouffons, jongleurs, jeux de hasard venaient faire diversion aux plaisirs de la table.

La fête commençait au milieu de la journée; les invités arrivaient successivement, qui dans des chars, qui dans des palanquins portés par des esclaves, qui simplement à pied. Derrière les chars et les palanquins marchaient des serviteurs armés de parasols pour préserver leurs maîtres des ardeurs du soleil. Le char du roi pouvait seul porter à l'arrière un immense parasol, et devant marchait un esclave portant un éventail en plumes d'autruche.

A l'arrivée d'un char, le visiteur était reçu par des

valets portant un tabouret pour l'aider à descendre, et qui prenaient ensuite note de tous ses désirs pendant son séjour dans la maison.

Le repas était précédé d'un concert; car de même que chez les Grecs, on aurait regardé, en Égypte, comme un manque d'usage de faire asseoir ses convives à table aussitôt après leur arrivée.

Pour les convives qui venaient de loin, et qui en manifestaient le désir, on apportait de l'eau pour laver les pieds avant d'entrer dans la salle de la fête. Cette coutume hospitalière remonte à la plus haute antiquité, car on peut lire dans la Bible :

....« Et cet homme — le chef des esclaves — les « fit entrer dans la maison de Joseph, et ils lavèrent « leurs pieds[1]. »

Tout autour de la salle du festin étaient suspendues des guirlandes de fleurs que des esclaves renouvelaient au fur et à mesure qu'elles étaient flétries.

Dans des cassolettes brûlaient de la myrrhe, de l'encens et d'autres parfums de Syrie.

L'usage était, avant de se mettre à table, d'offrir le vin aux convives; le même usage existe en Chine.

Un orchestre de harpes, de lyres, de guitares, de tambourins, de flûtes et de pipeaux se faisait entendre pendant le repas et ajoutait aux jouissances des convives.

1. Genèse, chap. XLIII, § 24.

Les prêtres pouvaient assister à ces fêtes que ne dédaignaient pas les plus haut placés dans l'ordre du sacerdoce. Pourquoi s'en étonnerait-on? encore aujourd'hui, en Angleterre, ne voit-on pas de jeunes pasteurs anglicans danser une polka entre un baptême et un enterrement?

Mais je m'arrête.... car je n'en finirais pas, cher ami, si je voulais vous détailler toutes les fresques qui se trouvent dans les grottes de Beni-Hassan. C'est un des spectacles les plus curieux, les plus intéressants que puisse se donner le voyageur en Égypte; pour mon compte, je ne pouvais me rassasier de le voir, et ce n'est qu'à regret que je l'ai quitté.

J'oubliais de vous dire qu'à une journée de marche de Louksor nous avions rencontré un capitaine de frégate de la marine impériale, M. de Russel, accompagné de M. de La Guéronnière, enseigne de vaisseau, et d'un médecin de la marine, dont je regrette d'avoir oublié le nom; ces messieurs avaient été chargés, dans le Soudan, d'une mission assez périlleuse qu'ils venaient d'accomplir à leur honneur. Nous prîmes le café avec eux, ravis de rencontrer d'aimables compatriotes, et nous dûmes nous séparer.... à notre grand regret. Il est si doux de voir des figures amies, quand on vient de vivre, pendant trois mois, au milieu des barbares[1]!

1. Depuis mon retour j'ai vu avec grand plaisir, dans le *Mo-*

Ma prochaine lettre, qui sera très-probablement la dernière, vous racontera la fin de mon voyage.

niteur, que ces messieurs avaient reçu la juste récompense de leurs travaux : M. de Russel a été fait capitaine de vaisseau, les deux autres ont été décorés.

LETTRE XXII.

Le Caire, 6 mai.

Après vous avoir promené dans les grottes de Beni-Hassan, je vous ai laissé au moment où, quittant la rive, je voguais à pleine voile vers Memphis.

Avant de parler de cette ville, qui fut notre dernière étape, je veux vous mentionner une grotte assez curieuse qui servait de nécropolis à tous les petits crocodiles, que les Égyptiens embaumaient avec soin. C'est une large caverne, à laquelle on ne peut accéder qu'en se traînant sur les mains et sur les genoux, au grand *dam* de la peau et au risque des morsures de quelque animal venimeux. On chemine ainsi pendant un temps assez long, à travers des exhalaisons putrides et malsaines, et l'on arrive dans une grande enceinte que je ne peux mieux vous décrire qu'en la comparant à une de nos caves : dans cette cave se trouve, empilés comme des fagots, une quantité prodigieuse de petits crocodiles embaumés.... On ne les compte pas par milliers, mais par millions.... Ils sont proprement enveloppés dans un linge, puis réunis, par une ficelle, en paquets de dix chacun. J'ai mesuré un certain nombre de ces animaux : leur taille varie entre trente et quarante centimètres. C'est chose curieuse à voir, mais cela ne mérite pas la peine qu'on se donne, et d'ailleurs, si le voyageur a quelque envie de se procurer un spécimen de ces dieux de l'antiquité, il peut se la passer au moyen de quelques piastres données à un indigène, qui ira le chercher.

Nous avons vu Memphis, et j'ai peu de chose à en dire. Que reste-t-il de cette brillante cité ? Rien.... ou bien peu de chose du moins à découvert : toutes les antiquités consistent dans un colosse renversé le nez dans la poussière, qui se trouve à environ dix kilomètres du Nil.

Il serait bien à désirer que notre compatriote, M. Mariette, qui pousse si activement et si heureusement les fouilles à Gyzeh, jetât un regard de compassion sur Memphis et vînt y ressusciter quelque nouvelle merveille.

L'ancien emplacement de la ville est aujourd'hui semé de huttes de fellahs, autour desquelles s'élèvent des plantations de toutes sortes et de superbes palmiers : cette végétation répand la fraîcheur dans le pays et lui donne un aspect tout à fait séduisant : c'est donc comme une vraie partie de plaisir que l'on considère l'excursion au tombeau des Apis[1].

Enfourchons l'éternel baudet et cheminez avec moi au milieu de ces populations qui nous accueillaient d'un air riant en nous souhaitant la bienvenue : les enfants, familiarisés avec la vue des étrangers, marchaient à nos côtés, et j'ai remarqué parmi eux nombre de petites mines friponnes et éveillées, annonçant une intelligence qui avortera sûrement faute de culture.

Partout où nous passions, les récoltes étaient rentrées, et les bœufs, attelés au *nouh*, séparaient le grain de la paille.

La campagne présentait de tous les côtés le spectacle de l'activité : on se sentait dans les environs d'une grande ville ; chacun travaillait avec ce courage qu'inspire la certitude de débiter ses produits ; ce n'était plus ici ces pauvres fellahs des cataractes, qui, lorsque nous leur proposions de l'argent en échange de leurs denrées, nous répondaient tristement : « Gardez votre argent, qu'en pourrions-nous faire ? l'argent ne se mange pas, et nous avons besoin de nos denrées pour vivre. »

1. Divinité célèbre des Egyptiens.

Ici il n'en est pas de même: c'est au contraire à qui vous offrira des poulets, des pigeons, des dattes, et le tout en profusion, en échange d'un argent qu'ils trouveront bien les moyens de dépenser.

Après avoir cheminé pendant plus d'une heure, nous arrivons près de petites pyramides qu'on appelle les pyramides de Saccakarah : elles sont grossièrement construites, peu élevées, et l'on s'ingénie depuis longtemps à en trouver l'entrée, sans avoir pu y parvenir.

Encore un quart d'heure de marche, au milieu des sables, et nous voici à la dernière demeure des Apis.

Le monument est simple et grossier, mais cependant imposant; dix-sept sarcophages en granit noir renferment les dépouilles de ces divinités.

Comment a-t-on fait pour transporter aussi loin ces masses énormes de granit? C'est une question que l'on ne cesse de se poser, sans pouvoir la résoudre, chaque fois qu'on se trouve en présence d'un monument égyptien.

Là où manquent l'élégance et la grâce, on retrouve la puissance et la force : pas de sculptures, pas de peintures : de simples caveaux taillés à vif dans le roc; des salles disposées latéralement, à droite et à gauche, et dans chacune un sarcophage. On ne peut se faire une idée de ces blocs de granit quand on ne les a pas vus.

Le dieu Apis, après avoir été soigneusement embaumé, était déposé dans le sarcophage, sur lequel un couvercle de granit servait de pierre tumulaire.

Cette dernière excursion faite au Sérapéum, ou tombeaux des Apis, couronne dignement un voyage dans la Haute-Égypte : nous venions de rendre nos hommages aux mânes de ses rois, et nous avions salué les restes de ses dieux!

Ici se termine notre excursion sur le Nil.... Nous n'avons pas découvert sa source.... précisément.... mais nous aurions pu la découvrir.... D'autres seront peut-être plus heureux que nous.

Nous venons de passer soixante-seize jours sur le Nil, et, je le dis avec conviction, nous le quittons à regret.

Vous trouverez peut-être que nous avons mis bien du temps à parcourir six cents lieues.... Par le temps de vapeur qui court, c'est en effet bien long; mais réfléchissez que nous n'avons marché qu'à la voile et le plus souvent à la rame.... et soyez certain d'une chose, c'est que si le *kamsin*[1] tombait sur *le Gange*, sur *la Guyenne*, ou sur tout autre des beaux navires des Messageries impériales.... il ne filerait plus trezie nœuds.... J'en parle par expérience. En revenant de Memphis, après notre visite au Sérapéum, le kamsin

1. Vent du midi qui souffle en bourrasque.

s'éleva avec une force épouvantable; toutes les barques qui naviguaient sur le fleuve eurent leur voilure déchirée; quelques-unes sombrèrent; heureusement notre cange était encore amarrée au rivage; peu à peu le vent tomba et nous pûmes mettre à la voile.

Nous avions hâte d'arriver au Caire, où des lettres de France nous attendaient depuis longtemps; il y avait trois mois que nous n'avions reçu de nouvelles, et vous pouvez juger de notre impatience.

Pour stimuler le zèle de nos matelots, je leur promis un bakchish supplémentaire de deux napoléons, si nous arrivions dans la soirée au Caire.... Il était cinq heures après midi et nous avions encore cinq lieues à faire.

Animés par l'espoir de cette bonne aubaine, nos hommes appuyèrent sur les avirons et nous marchions bon train, quand tout à coup le vent changea brusquement par bourrasque et notre mât se brisa. En quelques instants, les eaux du fleuve devinrent les vagues de la mer, et les flots envahissaient la barque. La résistance qu'offraient au vent et l'arrière du navire et la dunette qui le couronnait, l'empêchait d'avancer, et nous restions en panne, à deux lieues du vieux Caire.

« Si vous voulez m'en croire, dis-je alors à M. de B..., nous tenterons la fortune sur le petit canot et nous tâcherons d'aborder.

— Bien volontiers, » répondit mon compagnon.

Mais alors nouvelle difficulté, personne ne voulait s'embarquer avec nous pour ramer dans le canot; le reis lui-même reculait, disait-il, devant la crainte de le voir brisé avant d'avoir atteint le port.

Je le décidai cependant, en le menaçant de Linan-Bey, et le souvenir piquant de la courbache, à Asouan, joint à la promesse d'un bakchish, eurent raison de sa frayeur.

Nous voici donc à bord du canot et nous voltigeons sur la crête des vagues : les lames déferlaient et remplissaient l'embarcation, que nous suffisions à peine à vider; le reis était à la barre; Ali, grelottant de frayeur, tenait à grand'peine le fanal, et quatre hommes nageaient vigoureusement sur les rames. Pendant deux heures, nous luttâmes contre les flots; les hommes étaient en sueur; la chaude haleine du kamsin apportait un sable impalpable qui nous brûlait la gorge.... enfin nous arrivons au vieux Caire.

Toutes les fatigues étaient oubliées! Je distribuai aux hommes la récompense promise, et je sautai hors du canot : à ce moment la barque fit une embardée, et, sans un cordage d'une barque voisine, auquel je me rattrapai, j'allais faire le plongeon. Mon revolver ne fut pas aussi heureux; il était suspendu à ma ceinture, et, dans cet exercice gymnastique, il tomba dans le fleuve qui a, à cet endroit, quinze pieds de profondeur. Il fallut plonger plusieurs fois pour le ravoir.... mais enfin on put y parvenir.

Nous étions au vieux Caire, encore une heure à marcher à tâtons, à travers le dédale des rues, et nous allions avoir ces bienheureuses lettres !

Nous comptions sans les chiens, qui entravaient à chaque instant notre marche et cherchaient à mordre nos mollets. Il fallut littéralement nous battre contre eux. Enfin nous nous en débarrassons et nous voici à la porte du Caire.... Elle était fermée !

En France, on aurait frappé pour se faire ouvrir; ici l'on ne se gêne pas tant. Le bois était à moitié vermoulu, nous donnâmes un coup d'épaule et la porte alla s'asseoir par terre.

Le cawas de garde se réveilla en sursaut.

« Que voulez-vous ? s'écria-t-il.

— Que tu ailles te coucher ! » lui répondit Ali.

Cette réponse était d'autant plus logique que le malheureux tombait de sommeil. Il ne se le fit pas dire deux fois et retourna s'accroupir sur sa natte sans prendre aucun souci de nous.

Enfin nous arrivons à l'hôtel. Nous les trouvons, ces lettres si désirées, et nous passons la nuit à les lire, d'abord sans ordre, au hasard, puis nous les savourons avec un nouveau plaisir. Il y avait si longtemps que nous n'avions causé avec tous ceux qui nous sont chers !

Me voilà, cher ami, au bout de la tâche que vous m'aviez imposée à mon départ, tâche qui, je vous l'assure, m'a été bien douce à remplir. Vous êtes maintenant en possession de la relation complète de mon voyage; puisse-t-elle vous avoir intéressé!

Je crois devoir vous répéter ce que je vous ai dit au début : j'ai rempli mon programme et ne vous ai parlé que des choses que j'ai vues; l'imagination n'est entrée pour rien dans mon récit. Au risque de paraître monotone, j'ai sacrifié la fantaisie à la vérité.

En peignant sous des couleurs assez peu favorables le peuple égyptien, j'ai peut-être appliqué durement le proverbe : « Qui aime bien châtie bien. »

J'aime l'Égypte, et je voudrais la voir heureuse. Avec tous les éléments de la prospérité, un climat favorable, une terre fertile, une population vigoureuse, que lui manque-t-il? Il lui manque avant tout d'avoir un gouvernement qui s'occupe de ses intérêts, qui prenne en sérieuse considération la base de toute régénération sociale, l'éducation du peuple, tout à fait nulle en Égypte. C'est par là qu'il faut commencer; c'est par ce seul moyen qu'on peut espérer de régénérer le pays.

Quand on aura fait sortir le peuple de l'ignorance où il croupit, quand l'Égyptien se croira un homme et non une bête de somme, quand l'énergie morale excitera la force physique, quand le gouvernement tiendra la main à l'exécution des lois qui existent déjà en germe et qu'il en promulguera de nouvelles, quand enfin le bâton ne sera plus l'*ultima ratio* des pachas, alors, mais seulement alors, l'Égypte sortira de sa torpeur.

Espérons que ce temps arrivera bientôt. Au moment où toutes les nations se réveillent, serait-il permis à un peuple, qui a joué autrefois un rôle si important, de continuer son sommeil léthargique?

Lève-toi, belle Égypte, secoue la poussière de ton linceul et reviens à la vie. Ne vois-tu pas autour de toi l'Espagne ouvrir ses portes au progrès, la Russie briser les chaînes de ses serfs, l'Italie, réveillée en sursaut, sortir d'un engourdissement qui durait depuis des siècles?

A toi, Saïd[1], l'honneur de ressusciter l'Égypte, si tu t'en sens le courage, et ton nom sera béni dans les siècles les plus reculés. Il ne faut que vouloir. « Vouloir, c'est pouvoir. » Un chemin de fer est déjà créé; encourage la formation de nouveaux réseaux. Le percement de l'isthme de Suez, ce travail gigantesque égal aux travaux des pharaons, immortalisera ton règne et créera d'immenses ressources à l'Égypte. A l'œuvre donc, à l'œuvre! Que les usines

1. Je dois rendre au vice-roi la justice qui lui est due, il se montre, pour les étrangers, plein d'une parfaite bienveillance.

L. P.

s'élèvent, que leur fumée obscurcisse le ciel, que l'inventeur soit par toi bien reçu, que l'agriculture trouve dans les machines empruntées à l'étranger le secours qu'elle ne peut espérer en Égypte, où la routine règne encore en souveraine, où les moyens de culture datent du temps des Ptolémées, où l'on bat encore le grain en le faisant fouler par le pied des bœufs.

Que les idées nouvelles puissent pénétrer librement, qu'elles soient encouragées, et ce beau pays ne tardera pas à reprendre le rang qu'il n'aurait jamais dû perdre.

Voilà pourquoi, mon cher ami, je vous dis encore une fois : Faites vite le voyage d'Égypte; venez la voir telle qu'elle est aujourd'hui, afin de ne pouvoir plus la reconnaître telle qu'elle sera un jour.

C'est mon espoir!

FIN.

POST-FACE.

Louis Pascal

P. P. C.

Et maintenant, chers lecteurs, si vous êtes allés jusqu'au bout de mon livre, permettez-moi, en prenant congé, de vous adresser mes remercîments. Vous ai-je fait bâiller, vous ai-je intéressés? Dans ce dernier cas, je serais largement payé de mes peines. Ce que je voudrais, en tout état de cause, c'est que mon récit vous inspirât le désir d'aller en vérifier vous-mêmes la véracité, afin de pouvoir dire : « L'auteur n'a pas menti. »

Valete.

ANNEXES.

Afin de remplir complétement le but de ce livre, que je voudrais rendre aussi pratique que possible, je vais donner ici quelques renseignements qui me paraissent utiles à celui qui voudra entreprendre un voyage en Égypte et remonter le Nil.

Précautions hygiéniques.

1° Bien que le climat de l'Égypte soit très-sain, on doit néanmoins se munir d'une petite pharmacie de voyage, afin de pourvoir au plus pressé, dans les indispositions ou les accidents qui peuvent survenir.

Les trois principales maladies à redouter sont : les fièvres, la dyssenterie, l'ophthalmie.

Voici un aperçu de la nomenclature des objets qui doivent entrer dans la composition de la pharmacie : éther, — chloroforme, — teinture de quinquina, — arnica, — acide acétique, — baume du commandeur,

— laudanum, — extrait de Saturne, — ammoniaque, — eau de mélisse, — pilules d'opium, — émétique, — sulfate de quinine, — sparadrap, — taffetas d'Angleterre, — nitrate d'argent.

Au moyen de ces substances on peut remédier à bien des petites misères: chutes, coups, piqûres d'animaux venimeux, etc.

Le tout peut se renfermer dans une petite caisse d'un transport facile.

Puisque j'en suis sur l'hygiène, je ne saurais trop recommander l'usage des vêtements de laine, en Égypte. Si les journées sont brûlantes, les soirées sont fraîches, et l'on doit conjurer le mauvais effet de ces changements de température par l'emploi habituel de la flanelle, et en remplaçant, le soir, la toile par la laine.

2° Une des plaies de l'Égypte, c'est la mouche qui, pendant le jour, ne vous laisse pas un moment de repos; il ne faut pas manquer d'emporter du papier *tue-mouche*.

J'en dirai autant de la poudre Mismaque, indispensable pour se débarrasser des insectes qui pullulent et qui n'ont pas l'air de gêner les natifs.... Ils semblent même professer pour eux un amour paternel... ; j'ai vu un Égyptien prendre une puce avec délicatesse, entre l'index et le pouce, et la déposer à côté de lui, semblant avoir peur de lui faire du mal.

3° Il ne faut pas manquer de se munir de lunettes, vertes ou bleues, pour protéger les yeux contre le soleil et le sable; les ophthalmies sont très-fréquentes.

Mode de voyager.

4° Rien de plus facile qu'un voyage en Égypte, c'est plus simple qu'un voyage en Suisse.

La première précaution à prendre est celle de faire viser son passe-port à l'ambassade ottomane; si vous pouvez vous procurer quelques recommandations pour quelques hauts fonctionnaires, cela n'en vaudra que mieux.

On aura le soin, avant de partir, de se munir d'un pavillon national, pour l'arborer sur la cange; il serait imprudent de naviguer sans pavillon, on courrait le risque d'être insulté.

On se rend à Marseille et l'on s'embarque à bord d'un des beaux paquebots de la compagnie des Messageries impériales qui en huit jours vous conduit à Alexandrie.

En débarquant vous n'avez que le choix parmi les nombreux drogmans qui viennent vous offrir leurs services; vous descendez à l'hôtel Abbat, que je vous recommande après expérience, où l'on parle français et où l'on est fort bien servi. Vous visitez les curiosités, qui sont peu nombreuses; le tout ne demande pas plus de deux ou trois jours, et vous partez pour le Caire.

Un chemin de fer vous y conduit et vous allez descendre à l'hôtel d'Orient, place El-Esquebieh; vous êtes encore en famille, l'hôtel est tenu par un Français.

Si vous n'avez pas de relations dans la ville, vous vous présentez au consulat de France et vous êtes sûr d'être reçu avec bienveillance, à en juger du moins par l'accueil que nous fit le consul, M. de La Porte.

Au consulat, on vous guidera sur le choix d'un drogman, pour vous accompagner dans le voyage sur le Nil.

Le choix d'une cange est chose fort importante : vous la trouverez à Boulak, tout près du Caire. Pour ce choix il vous faudra un homme pratique, que la bienveillance consulaire vous donnera.

La cange choisie et arrêtée, viendra le contrat de louage à passer avec le reis, ou patron.

Je ne saurais trop recommander d'apporter aux conditions de ce contrat la plus scrupuleuse attention et de tenir sévèrement la main à son exécution, pendant le voyage.

Il y a différents modes de contrats pour la location des canges : le louage au jour et le louage au voyage ; c'est ce dernier mode qu'il faut choisir, pour être volé le moins possible. Il ne faut pas manquer surtout de spécifier le nombre des jours d'arrêt facultatifs au voyageur, sans cette précaution le reis ne vous accorderait pas un jour pour visiter les monuments.

Au reste voici le modèle du contrat que nous avions passé avec notre reis et qui, rédigé d'après les conseils de M. Auguste Linan-Bey, remplit à peu près toutes les conditions désirables :

ENGAGEMENT

ENTRE MM. LE VICOMTE DE B..., L. PASCAL ET LE REIS HAMMED-MUSTAPHA DE BOULAK.

Le reis Hammed-Mustapha s'engage :

1° A nous fournir une cange, avec son équipage, composé du capitaine, de son second et de huit hommes : en tout dix hommes.

2° La cange devra être meublée, c'est-à-dire contenir divans, lits, huit paires de draps, six serviettes de table, trois nappes, dix essuie-mains, six verres, six couverts en argent, couteaux, cuillers et fourchettes, deux carafes et les bardaques, un huilier et vinaigrier, des cuillers à café, un moutardier, des assiettes et plats, un service complet pour le thé, et un pour le café à la turque, comprenant théière, pot à lait, sucrier et tasses : le tout pour six personnes[1].

3° La cange sera munie d'une batterie de cuisine complète.

4° La cange, portant le n° 1, sera nettoyée de fond en comble, même le pont, avec de la potasse : une tente devra couvrir et envelopper tout le rouf et le pont.

5° Cette cange, portant le n° 1, se divise : en un

1. C'est une bonne précaution de demander pour six, quand on est que deux, car c'est encore à peine si l'on obtient tout juste le nécessaire.

petit salon, à gauche une salle de bain, à droite les *W. C.*, deux chambres à coucher et un divan au fond.

6° La toile des matelas des deux lits et celle des coussins sera changée et nettoyée, et le coton sera battu.

7° Le parquet des deux chambres à coucher sera recouvert de toile cirée; les autres pièces devront être munies de nattes.

8° La barque sera toujours bien tenue, intérieurement et extérieurement, le pont lavé tous les matins.

9° A notre service sera mise, à la suite de la cange, une embarcation à quatre rames et en parfait état; les voiles, les cordages et les rames devront également être en parfait état de service.

10° L'embarcation devra toujours être à notre disposition, et deux hommes devront toujours nous accompagner à terre.

11° Le reis Hammed-Mustapha s'engage à nous conduire, le plus tôt possible, du Caire à Asouan; il nous est accordé douze jours d'arrêt pendant ce trajet. Si le temps nous le permet et qu'il n'y ait pas d'empêchement, venant de notre part, pour aller jusqu'à la seconde cataracte, c'est-à-dire jusqu'à Ouadeh-Alpheh, le reis s'engage également à nous y mener, le plus promptement possible, en nous donnant cinq jours d'arrêt entre la première et la seconde cataracte. Les jours d'arrêt sont de douze heures et entièrement à notre disposition.

12° Tout arrêt de moins de deux heures ne compte pas dans les arrêts stipulés dans le contrat; pourtant nous nous engageons, en remontant le Nil, à ne prendre d'arrêt facultatif de deux heures, qu'une seule fois par jour.

Nous ne comptons ni comme arrêt facultatif, ni comme arrêt stipulé plus haut, ceux qui seraient forcés, soit pour réparations, soit pour aller aux provisions. Le reis Mustapha sera libre de disposer de vingt-quatre heures d'arrêt pour faire le pain de l'équipage, deux fois pendant tout le voyage. Ces deux arrêts ne compteront pas dans les jours d'arrêt stipulés dans le contrat.

13° Tout jour d'arrêt supplémentaire, en dehors de ceux convenus, sera payé un napoléon.

14° Si le vent n'est pas favorable, la barque devra marcher, soit à la corde, soit à la rame.

15° Le passage de la première cataracte est entièrement aux frais du reis. Si quelque accident arrivait à la cange ou à son canot, le reis seul en est responsable, et aucune réclamation ne peut nous être faite à ce sujet.

16° Le prix convenu jusqu'à la première cataracte est de vingt-huit guinées anglaises ; de la première à la seconde cataracte le prix est fixé à vingt-quatre guinées anglaises, aller et retour, bien entendu.

Mode de payement.

Il sera donné au reis Hammed-Mustapha, avant de quitter le Caire, la somme de dix-huit guinées. Si nous passons la première cataracte, il lui sera donné douze guinées ; dans le cas où nous ne la passerions pas, il ne lui en sera donné que cinq à Asouan, le reste lui sera versé de retour au Caire : de cette manière, le reis touchera vingt-huit guinées anglaises si nous n'allons que jusqu'à Asouan, et cinquante-deux si nous allons jusqu'à la seconde cataracte.

Ainsi donc le prix est ainsi bien fixé, et le mode de payement bien déterminé.

Si nous allons jusqu'à la seconde cataracte, nous donnerons à Hammed-Mustapha là somme de cinquante-deux guinées anglaises, le passage de la cataracte étant compris dans cette somme; si nous n'allons que jusqu'à Asouan, le prix fixé est de vingt-huit guinées anglaises.

N. B. Le départ est fixé au mercredi 22 février; si, par une raison dépendante de nous-mêmes, nous ne partions pas ce jour-là, nous nous engageons à payer la somme de vingt francs, par chaque jour, en sus du jour fixé plus haut pour le départ.

Fait et signé au Caire, en français et en égyptien, en double expédition, par les parties contractantes, en présence du consul de France (ou de tout autre consul), suivant la nationalité des contractants.

Pour la nourriture à bord, il y a également deux manières de procéder : soit de se nourrir soi-même, et cela implique tous les ennuis d'un ménage, avec les chances d'une économie fort douteuse; soit de traiter avec le drogman qui se chargera, pour un prix fixé à l'avance, et par jour, de vous faire vivre confortablement.

C'est à ce dernier parti que nous nous sommes arrêtés, et nous n'avons eu qu'à nous en féliciter; je dois dire cependant que cela dépend beaucoup de la moralité du drogman.

Voici le contrat que nous avions passé avec Ali :

CONTRAT

ENTRE MM. LE VICOMTE DE B..., L. PASCAL ET LE DROGMAN ALI-NUBIA.

A partir du 16 février 1860, nous engageons le drogman Ali-Nubia, au prix de six livres anglaises, soit cent cinquante francs par mois.

Le drogman Ali-Nubia s'engage à nous fournir un cuisinier et une nourriture très-confortable, composée de : un déjeuner le matin, un dîner à midi, un souper le soir; le tout au prix d'une livre anglaise par jour, y compris le thé et le café à notre discrétion; le tout à partir du jour de l'embarquement jusqu'au jour du débarquement.

Le drogman Ali-Nubia a reçu, comme avance, la somme de vingt livres anglaises, à déduire sur ce que nous lui devrons à partir du jour de notre embarquement.

Fait au Caire, le 16 février 1860.

En résumé, dans un voyage comme celui que nous

venons de faire, il faut dépenser, l'un dans l'autre, chacun vingt-cinq francs par jour, et l'on vit largement.

Si l'on voyage seul la dépense sera naturellement plus élevée.

Dans ces vingt-cinq francs ne sont pas compris, bien entendu, ni les frais du voyage de France en Égypte, ni tout autre frais de locomotion jusqu'au jour de l'embarquement sur la cange ; il ne s'agit, proprement ici, que du voyage sur le Nil.

Une fois installé dans votre barque, vous devez remonter, sans vous arrêter, jusqu'au point extrême que vous voulez atteindre.

Si vous vous arrêtiez en montant, pour visiter les monuments, vous risqueriez de perdre un temps précieux, et souvent une brise favorable; vous marchez lentement et souvent la rame est obligée de suppléer au vent, en remontant, tandis qu'en descendant, vous avez le courant pour vous aider.

Il faut exiger du reis et de l'équipage la stricte exécution du contrat; les mener sévèrement et même durement, sans quoi ils cesseront bientôt de vous obéir.

S'ils se conduisent à votre gré, si la cange marche bien, vous donnerez des bakchishs de dix à quinze francs, lors du passage devant les principales villes; pas n'est besoin de les nommer, ils sauront bien vous les désigner.

Ces bakchishs ne se donnent qu'en montant, à la descente on en donne quelquefois un à Louksor, si l'équipage s'est montré complaisant.

Le voyage terminé, il est d'usage de donner un bakchisli à chacun des hommes qui ont navigué avec vous; les plus considérables sont naturellement ceux du drogman et du reis; en donnant cent francs, à chacun, ils sont fort satisfaits.

Une précaution importante, c'est de vous faire donner un reçu, chaque fois que vous remettrez de l'argent à votre reis ou à votre drogman. Sans quoi vous risqueriez, comme cela m'est arrivé, d'être obligé de payer deux fois; j'en ai été pour une dizaine de guinées, pour avoir négligé de prendre cette précaution envers mon voleur de reis.

Si vous voulez m'en croire, vous vous précautionnerez d'un certain nombre de livres pour charmer les ennuis du voyage, et, si vous vous en rapportez à moi, vous choisirez surtout les ouvrages :

De Clot-Bey, sur l'Égypte; de Wilkinson, de Murray, de Charles Didier et quelques autres que j'ai lus avec grand intérêt et qui m'ont été utiles et agréables.

Traduction du firman.

MM. de B... et Pascal, voyageurs français de distinction, désirant faire le voyage de la Haute-Égypte, ont demandé qu'un ordre écrit, émané de mon divan, leur fût délivré à cet effet.

Voulant adhérer à la demande de ces deux personnages, dignes de toute attention et égards, j'invite tous les moudirs (préfets) et gouverneurs des provinces de la Haute-Égypte, et autres agents ou fonctionnaires qui verront ces présentes, à bien veiller à ce qu'il ne soit causé, par qui que ce soit, aucun trouble ni empêchement dans les excursions et visites que lesdits personnages auront à faire pendant leur voyage ; et qu'il leur soit prêté aide et assistance en tout ce dont ils pourront avoir besoin, aux fins de faciliter leur dit voyage.

Je les recommande très-particulièrement à tous mes agents et fonctionnaires susmentionnés, et à cet effet je leur délivre les présentes, munies de mon cachet.

Date du 22 Redjeb 1276 (18 février 1860).

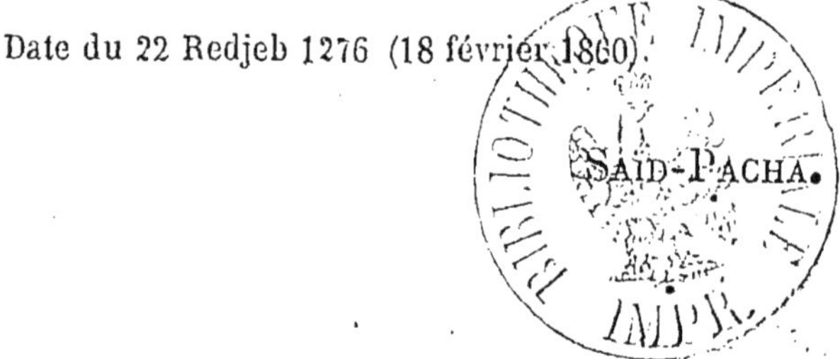

SAÏD-PACHA.

TABLE

FIN DE LA TABLE.

PARIS. — IMPRIMERIE DE CH. LAHURE E Cie
Rues de Fleurus, 9, et de l'Ouest, 21

BIBLIOTHÈQUE DES CHEMINS DE FER.

FORMATS GRAND IN-16 OU IN-18 JÉSUS.

About (Edm.) : *Germaine*. 1 vol. 2 fr.
Le roi des montagnes. 1 vol. 2 fr.
— *Les mariages de Paris*. 1 vol. 2 fr.
— *Maître Pierre*. 1 vol. 2 fr.
— *Tolla*. 1 vol. 2 fr.
— *Trente et quarante*. 1 vol. 2 fr.
— *Voyage à travers l'exposition universelle des Beaux-Arts*. 1 vol. 2 fr.
Achard (Am.) : *La famille Guillemot*. 1 vol. 2 fr.
— *La Sabotière*. 1 v. 1 fr.
— *Le clos Pommier*. 1 vol. 1 fr.
— *Les vocations*. 1 vol. 2 fr.
— *L'ombre de Ludovic*. 1 vol. 1 fr.
— *Madame Rose; — Pierre de Villerglé*. 1 vol. 1 fr.
— *Maurice de Treuil*. 1 vol. 2 fr.
Andersen : *Le livre d'images sans images*. 1 vol. 1 fr.
Anonymes : *Aladdin* ou la Lampe merveilleuse. 1 vol. 50 c.
— *Anecdotes du règne de Louis XVI*. 1 vol. 1 fr.
— *Anecdotes du temps de la Terreur*. 1 vol. 1 fr.
— *Anecdotes historiques et littéraires*, racontées par Brantôme, L'Estoile, Tallemant des Réaux, Saint-Simon, Grimm, etc. 1 vol. 1 fr.
— *Assassinat du maréchal d'Ancre* (relation attribuée au garde des sceaux Marillac), avec un Appendice extrait des mémoires de Richelieu. 1 v. 50 c.
— *Djouder le Pêcheur*, conte traduit de l'arabe par MM. *Cherbonneau* et *Thierry*. 1 vol. 50 c.
— *La conjuration de Cinq-Mars*, récit extrait de Montglat, Fontrailles, Tallemant des Réaux, Mme de Motteville, etc. 1 vol. 50 c.
— *La jacquerie*, précédée des insurrections des Bagaudes et des Pastoureaux, d'après Mathieu Paris, Froissart, etc. 1 vol. 50 c.
— *La mine d'ivoire*, voyage dans les glaces de la mer du Nord, traduit de l'anglais. 50 c.
— *La vie et la mort de Socrate*, récit extrait de Xénophon et de Platon. 1 v. 50 c.
— *Le mariage de mon grand-père et le testament du juif*, traduits de l'anglais par *A. Pichot*. 1 vol. 1 fr.
— *Les émigrés français* dans la Louisiane. 1 vol. 1 fr.
— *Le véritable Sancho Panza* ou Choix de proverbes, dictons, etc. 1 vol. 1 fr.
— *Pitcairn*, ou la nouvelle île Fortunée. 1 vol. 50 c.
Araquy (E. d') : *Galienne* 1 vol. 1 fr.
Arnould (Arthur) : *Les trois poëtes*. 1 vol. 1 fr.
Assollant : *Brancas; — Les amours de Quaterquem*. 1 vol. 2 fr.
— *La mort de Roland*. 1 vol. 2 fr.
— *Scènes de la vie des États-Unis*. 1 vol. 2 fr.
— *Deux amis en 1792*. 1 vol. 2 fr.
Auerbach : *Contes*, traduits de l'allemand par M. *Boutteville*. 1 vol. 1 fr.
Auger (Ed.) : *Voyage en Californie* en 1852 et 1853. 1 vol. 1 fr.
Aunet (Mme Léonie d') : *Étiennette; — Sylvère; — Le secret*. 1 vol. 1 fr.
— *Une vengeance*. 1 vol. 2 fr.
— *Un mariage en province*. 1 vol. 1 fr.
— *Voyage d'une femme au Spitzberg*. 1 vol. 2 fr.
Barbara (Charles) : *L'assassinat du pont Rouge*. 1 vol. 2 fr.
— *Les orages de la vie*. 1 vol. 2 fr.
— *Mes petites maisons*. 1 vol. 2 fr.
Bast (Amédée de) : *Les Fresques*, contes et anecdotes. 1 vol. 1 fr.
Belot (Ad.) : *Marthe; — Un cas de conscience*. 1 vol. 1 fr.
Bernardin de Saint-Pierre : *Paul et Virginie*. 1 vol. 1 fr.
Bersot : *Mesmer*, ou le magnétisme animal avec un chapitre sur les tables tournantes. 1 vol. 1 fr.
Bombonnel (Ch.): *Le tueur de panthères*. 1 vol. 2 fr.
Brainne (Ch.) : *La Nouvelle-Calédonie*, voyages, missions, colonisation. 1 volume. 1 fr.
Bréhat (Alfred de) : *Les filles du Boër*. 1 vol. 2 fr.
— *René de Gavery*. 1 vol. 2 fr.

Brueys et **Palaprat** : *L'avocat Patelin.* 1 vol. 50 c.

Camus (évêque de Belley) : *Palombe*, ou la femme honorable, précédée d'une étude sur Camus et le roman au XVIIe siècle, par *H. Rigault.* 1 v. 50 c.

Caro (E.) : *Saint Dominique et les Dominicains.* 1 vol. 1 fr.

Castellane (comte de) : *Nouvelles et récits.* 1 vol. 1 fr.

Cervantès : *Costanza*, traduit par *L. Viardot.* 1 vol. 50 c.

Chapus (E.) : *Le turf*, ou les Courses de chevaux en France et en Angleterre. 1 vol. 1 fr.

Chateaubriand (vicomte de) : *Atala, René, les Natchez.* 1 vol. 2 fr.

— *Le génie du christianisme.* 1 v. 2 fr.

— *Les martyrs et le dernier des Abencérages.* 1 vol. 2 fr.

Claveau : *Nouvelles contemporaines.* 1 vol. 1 fr.

Cochut (A.) : *Law*, son système et son époque. 1 vol. 2 fr.

Colet (Mme) : *Promenade en Hollande.* 1 vol. 2 fr.

Corne (H.) : *Le cardinal Mazarin.* 1 volume. 1 fr.

— *Le cardinal de Richelieu.* 1 vol. 1 fr.

Delessert (B.) : *Le guide du bonheur* 1 vol. 1 fr.

Demogeot (J.). *Les lettres et l'homme de lettres au XIXe siècle.* 1 vol. 1 fr.

— *La critique et les critiques en France au XIXe siècle.* 1 vol. 1 fr.

Des Essarts : *François de Médicis.* 1 vol. 2 fr.

Desplaces (Ernest) : *Le canal de Suez.* 1 vol. 1 fr.

Didier (Ch.) : *50 jours au désert.* 1 volume. 2 fr.

— *500 lieues sur le Nil.* 1 vol. 2 fr.

— *Séjour chez le grand-chérif de la Mekke.* 1 vol. 2 fr.

Du Bois (Ch.) : *Nouvelles d'atelier.* 1 vol. 2 fr.

Énault (L.) : *Alba.* 1 vol. 2 fr.

— *Hermine.* 1 vol. 2 fr.

— *Christine.* 1 vol. 1 fr.

— *La rose blanche.* 1 vol. 1 fr.

— *La vierge du Liban.* 1 vol. 2 fr.

— *Nadéje.* 1 vol. 2 fr.

Erckmann-Chatrian : *Contes fantastiques.* 1 vol. 2 fr.

Ferry (Gabriel) : *Costal l'Indien*, scènes de l'indépendance du Mexique. 1 vol. 3 fr.

— *Le coureur des bois*, ou les chercheurs d'or : —

Première partie. 1 vol. 3 fr.

Deuxième partie. 1 vol. 3 fr.

— *Les Squatters*, — *La clairière du bois de Hogues.* 1 vol. 1 fr.

— *Scènes de la vie mexicaine.* 1 v. 3 fr.

— *Scènes de la vie militaire au Mexique.* 1 vol. 1 fr.

Figuier (Louis) : *La photographie au salon de 1859.* 1 vol. 50 c.

Figuier (Mme Louis) : *Mos de Lavène.* 1 vol. 1 fr.

— *Nouvelles languedociennes.* 1 v. 1 fr.

Florian : *Les arlequinades.* 1 vol. 50 c.

Forbin (comte de) : *Voyage à Siam.* 1 vol. 50 c.

Forgues : *Le rose et le gris.* 1 vol. 2 fr.

Fortune (Robert) : *Aventures en Chine*, dans ses voyages à la recherche du thé et des fleurs; traduit de l'anglais. 1 vol. 1 fr.

Fraissinet (J. L.) : *Le Japon contemporain.* 1 vol. 2 fr.

Galbert (de Bruges) : *Légende du bienheureux Charles le Bon.* 1 vol. 50 c.

Gaskell (Mme) : *Cranford*, traduit de l'anglais par Mme Louise Sw.-Belloc. 1 vol. 1 fr.

Gautier (Théophile) : *Caprices et zigzags.* 1 vol. 2 fr.

— *Italia.* 1 vol. 2 fr.

— *Le roman de la momie.* 1 vol. 2 fr.

— *Militona.* 1 vol. 1 fr.

Gérard (J.) : *Le tueur de lions.* 1 v. 2 fr.

Gerstäcker : *Aventures d'une colonie d'émigrants en Amérique*, trad. de l'allemand par *X. Marmier.* 1 vol. 1 fr.

Giguet (P.) : *Campagnes d'Italie*, avec une carte gravée sur acier. 1 vol. 1 fr.

Goethe : *Werther*, traduit de l'allemand par *L. Énault.* 1 vol. 1 fr.

Gogol : *Nouvelles choisies* (1° Mémoires d'un fou ; 2° Un ménage d'autrefois; 3° le roi des gnomes), trad. du russe par *L. Viardot.* 1 vol. 1 fr.

— *Tarass Boulba*, traduit du russe par *L. Viardot.* 1 vol. 1 fr.

Goudall (Louis) : *Le martyr des Chaumelles.* 1 vol. 1 fr.

Guillemard : *La pêche en France.* 1 volume illustré de 50 vignettes. 2 fr.

Guizot (F.) : *L'amour dans le mariage*, étude historique. 7e édit. 1 vol. 1 fr.

Les ouvrages suivants ont été revus par M. Guizot :

Édouard III et les bourgeois de Calais, ou les Anglais en France. 1 volume. 1 fr.

Guillaume le Conquérant, ou l'Angleterre sous les Normands. 1 vol. 1 fr.

Guizot (G.) : *Alfred le Grand*, ou l'Angleterre sous les Anglo-Saxons. 1 volume. 2 fr.

Hall (capitaine Basil) : *Scènes de la vie*

maritime, traduites de l'anglais par *Am. Pichot.* 1 vol. 1 fr.
— *Scènes du bord et de la terre ferme*, traduites par le même. 1 vol. 1 fr.
Hauréau (B.) : *Charlemagne et sa cour*, portraits, jugements et anecdotes. 1 vol. 1 fr.
— *François Ier et sa cour*, portraits, jugements et anecdotes. 1 vol. 1 fr.
Hawthorne : I. *Catastrophe de M. Higginbotham.* II. *La fille de Rapacini.* III. *David Swan*, contes trad. de l'anglais par *Leroy* et *Scheffter*. 1 vol. 50 c.
Héquet (G.) : *Madame de Maintenon.* 1 vol. 2 fr.
Hervé et **de Lanoye** : *Voyages dans les glaces du pôle arctique*, à la recherche du passage nord-ouest, extraits des relations de sir John Ross, Edward Parry, John Franklin, Beechey, Back, Mac Clure et autres navigateurs célèbres. 1 vol. 2 fr.
Julien (Stanislas) : *Contes et apologues indiens.* 2 vol. 4 fr.
— *Nouvelles chinoises.* 1 vol. 2 fr.
Karr (Alph.) : *Clovis Gosselin.* 1 v. 1 fr.
— *Contes et Nouvelles.* 1 vol. 2 fr.
— *Geneviève.* 1 vol. 1 fr.
— *La famille Alain.* 1 vol. 1 fr.
— *Le chemin le plus court.* 1 vol. 1 fr.
La Baume (Jules) : *Jeunesse.* 1 vol. 1 fr.
Laboulaye (Ed.) : *Abdallah*, ou le trèfle à quatre feuilles. 1 vol. 2 fr.
— *Souvenirs d'un voyageur* (Marina, le Jasmin de Figline, le Château de la vie, Jodocus, don Ottavio). 1 vol. 1 fr.
La Fayette (Mme) : *Henriette d'Angleterre*, duchesse d'Orléans. 1 vol. 1 fr.
Lamartine (A. de) : *Christophe Colomb.* 1 vol. 1 fr.
— *Fénelon.* 1 vol. 1 fr.
— *Graziella.* 1 vol. 1 fr.
— *Gutenberg.* 1 vol. 50 c.
— *Héloïse et Abélard.* 1 vol. 50 c.
— *Le tailleur de pierres de Saint-Point.* 1 vol. 2 fr.
— *Nelson.* 1 vol. 1 fr.
Las Cases (comte de) : *Souvenirs de l'empereur Napoléon Ier*, extraits du *Mémorial de Sainte-Hélène.* 1 v. 2 fr.
La Vallée (J.) : *La chasse à tir en France*; illustrée de 30 vignettes par F. Grenier. 1 vol. 3 fr.
— *La chasse à courre en France*, illustrée de 40 vignettes par Grenier fils. 1 vol. 3 fr.
— *Les récits d'un vieux chasseur.* 1 volume. 2 fr.
Le Fèvre-Deumier (J.) : *Études biographiques et littéraires.* 1 vol. 1 fr.
— *OEhlenschlager*, le poëte national du Danemark. 1 vol. 1 fr.
— *Vittoria Colonna.* 1 vol. 1 fr.
Léouzon-Leduc : *La Baltique.* 1 v. 2 fr.
— *La Russie contemporaine.* 1 vol. 2 fr.
— *Les îles d'Aland*, avec carte et grav. 1 vol. 50 c.
Lesage : Théâtre choisi contenant : *Turcaret* et *Crispin rival de son maître.* 1 vol. 1 fr.
Levaillant : *Voyage dans l'intérieur de l'Afrique* (abrégé). 1 vol. 1 fr.
Louandre (Ch.) : *La sorcellerie.* 1 v. 1 fr.
Marco de Saint-Hilaire (E.) : *Anecdotes du temps de Napoléon Ier.* 1 vol. 1 fr.
Martin (Henri) : *Tancrède de Rohan* 1 vol. 1 fr.
Mercey (F. de) : *Burk l'étouffeur*; — *les Frères de Stirling.* 1 vol. 1 fr.
Merruau (P.) : *Les convicts en Australie*, voyage dans la Nouvelle-Hollande. 1 vol. 1 fr.
Méry : *Contes et nouvelles.* 1 vol. 1 fr.
— *Héva.* 1 vol. 1 fr.
— *La Floride.* 1 vol. 2 fr.
— *La guerre du Nizam.* 1 vol. 2 fr.
— *Les matinées du Louvre*; — *Paradoxes et rêveries.* 1 vol. 1 fr.
— *Nouvelles nouvelles.* 1 vol. 1 fr.
Michelet : *Jeanne d'Arc.* 1 vol. 1 fr.
— *Louis XI et Charles le Téméraire.* 1 vol. 1 fr.
Michiels (Alfred) : *Les chasseurs de chamois.* 1 vol. 2 fr.
Monseignat (C. de) : *Le Cid Campéador*, chronique extraite des anciens poëmes espagnols, des historiens arabes et des biographes modernes. 1 vol. 50 c.
— *Un chapitre de la révolution française*, ou Histoire des journaux en France de 1789 à 1799, précédée d'une introduction historique sur les journaux chez les Romains et dans les temps modernes. 1 vol. 1 fr.
Montague (lady) : *Lettres choisies*, traduites de l'angl. par *P. Boiteau.* 1 v. 1 fr.
Morin (Fréd.) : *Saint François d'Assise et les Franciscains.* 1 vol. 1 fr.
Mornand (F.) : *Un peu partout.* 1 volume. 1 fr.
Muller (Eugène) : *La Mionette.* 1 v. 1 fr.
Pallu (Léopold) : *Les gens de mer.* 1 vol. 2 fr.
Pichot (A.) : *Les mormons.* 1 vol. 1 fr.
Piron : *La métromanie.* 1 vol. 50 c.
Poë : *Nouvelles choisies* (1° le Scarabée d'or; 2° l'Aéronaute hollandais); trad. de l'anglais par *A. Pichot.* 1 vol. 1 fr.
Pouschkine (A.) : *La fille du capitaine*, trad. du russe par *Viardot.* 1 vol. 1 fr.

Prévost (l'abbé) : *La colonie rochcloise*, nouvelle extraite de l'Histoire de Cléveland. 1 vol. 1 fr.
Quicherat (Jules) : *Histoire du siége d'Orléans*. 1 vol. 50 c.
Regnard : *Le joueur*. 1 vol. 50 c.
Renaut (Emile) : *Rose André ; — Un Van Dyck ; — Le filleul du notaire*. 1 volume. 2 fr.
Reybaud (Mme Ch.) : *Hélène*. 1 vol. 1 fr.
— *Faustine*. 1 vol. 1 fr.
— *La dernière bohémienne*. 1 vol. 1 fr.
— *Le Cabaret de Gaubert*. 1 vol. 1 fr.
— *Le cadet de Colobrières*. 1 vol. 2 fr.
— *Le moine de Châalis*. 1 vol. 2 fr.
— *L'oncle César*. 1 vol. 1 fr.
— *Mlle de Malepeire*. 1 vol. 1 fr.
— *Misé Brun*. 1 vol. 1 fr.
— *Sydonie*. 1 vol. 1 fr.
Robert (Adrien) : *Contes excentriques*. 1 vol. 2 fr.
— *Nouveaux contes excentriques*. 1 volume. 2 fr.
Rivière (Henri) : *Pierrot ; — Caïn*. 1 volume. 1 fr.
Saint-Félix (J. de) : *Aventures de Cagliostro*. 2e édition. 1 vol. 1 fr.
Saint-Hermel (de) : *Pie IX*. 1 vol. 50 c.
Saintine (X. B.) : *Un rossignol pris au trébuchet ; le château de Génappe ; le roi des Canariès*. 1 vol. 1 fr.
— *Les trois reines*. 1 vol. 1 fr.
— *Antoine, l'ami de Robespierre*. 1 volume. 1 fr.
— *Le mutilé*. 1 vol. 1 fr.
— *Les métamorphoses de la femme*. 1 vol. 2 fr.
— *Une maîtresse de Louis XIII*. 1 volume. 2 fr.
— *Chrisna*. 1 vol. 2 fr.
Saint-Simon (le duc de) : *Le Régent et la cour de France* sous la minorité de Louis XV, portraits, jugements et anecdotes extraits littéralement des *Mémoires* authentiques du duc de Saint-Simon. 2e édition. 1 vol. 2 fr.
— *Louis XIV et sa cour*, portraits, jugements et anecdotes extraits littéralement des *Mémoires* authentiques du duc de Saint-Simon. 3e édit. 1 v. 2 fr.
Sand (George) : *André*. 1 vol. 1 fr.
— *François le Champi*. 1 vol. 1 fr.
— *La mare au Diable*. 1 vol. 1 fr.
— *La petite Fadette*. 1 vol. 1 fr.
— *Narcisse*. 1 vol. 2 fr.
Sarasin : *La Conspiration de Walstein*, épisode de la guerre de Trente ans, avec un Appendice extrait des *Mémoires* de Richelieu. 1 vol. 50 c.
Scott (Walter) : *La fille du chirurgien*, traduit de l'anglais par *L. Michelant*. 1 vol. 1 fr.
Sédaine : *Le Philosophe sans le savoir*. 1 vol. 50 c.
Serret (Ern.) : *Elisa Méraut*. 1 vol. 1 fr.
— *Francis et Léon*. 1 vol. 2 fr.
— *Perdue et retrouvée*. 1 vol. 2 fr.
Sollohoub (comte) : *Nouvelles choisies* (1° Une aventure de chemin de fer ; 2° les deux Étudiants ; 3° la Nouvelle inachevée ; 4° l'Ours ; 5° Serge), trad. du russe par *E. de Lonlay*. 1 vol. 1 fr.
Staal (Mme de) : *Deux années à la Bastille*. 1 vol. 1 fr.
Sterne : *Voyage en France à la recherche de la santé*, traduit de l'anglais par *A. Tasset*. 1 vol. 50 c.
Thackeray : *Le diamant de famille et la Jeunesse de Pendennis*, traduits de l'anglais par *A. Pichot*. 1 vol. 1 fr.
Tresca : *Visite à l'Exposition universelle de Paris en* 1855, 1 fort volume in-16 de 800 pages, contenant des plans et des grav. 1 fr.
Ubicini : *La Turquie actuelle*. 1 v. 2 fr.
Ulbach (Louis) : *Les roués sans le savoir*. 1 vol. 2 fr.
Viardot (L.) : *Souvenirs de chasse*. 1 vol. 2 fr.
Viennet : *Fables complètes*. 1 vol. 2 fr.
Vitu (A.) : *Contes à dormir debout*. 1 vol. 2 fr.
Voltaire : *Zadig*. 1 vol. 50 c.
Wailly (Léon de) : *Stella et Vanessa*. 1 vol. 1 fr.
— *Angelica Kauffmann*. 2 vol. 4 fr.
— *Les deux filles de M. Dubreuil*. 2 volumes. 4 fr.
Weill (Alex) : *Histoires de village*. 1 volume. 2 fr.
Yvan (Dr) : *De France en Chine*. 1 v. 1 fr.
Zschokke (H.) : *Alamontade*, ou le Galérien, traduit de l'allemand par *E. de Suckau*. 1 vol. 50 c.
— *Jonathan Frock*, traduit par le même. 1 vol. 50 c.

Paris. — Imprimerie de Ch. Lahure et Cie, rue de Fleurus, 9.

Paris. — Imprimerie de Ch. Lahure et Cie, rue de Fleurus, 9.

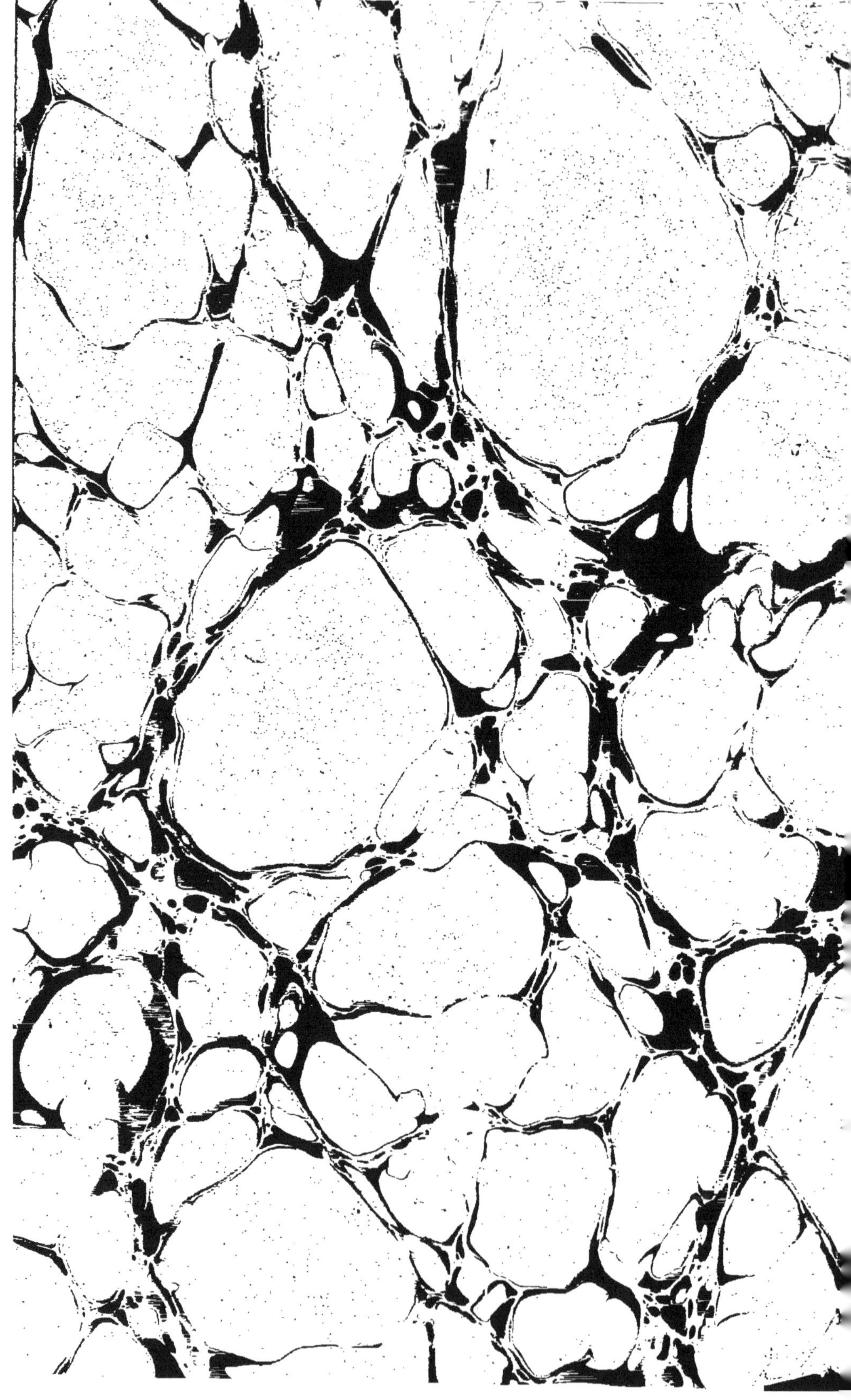

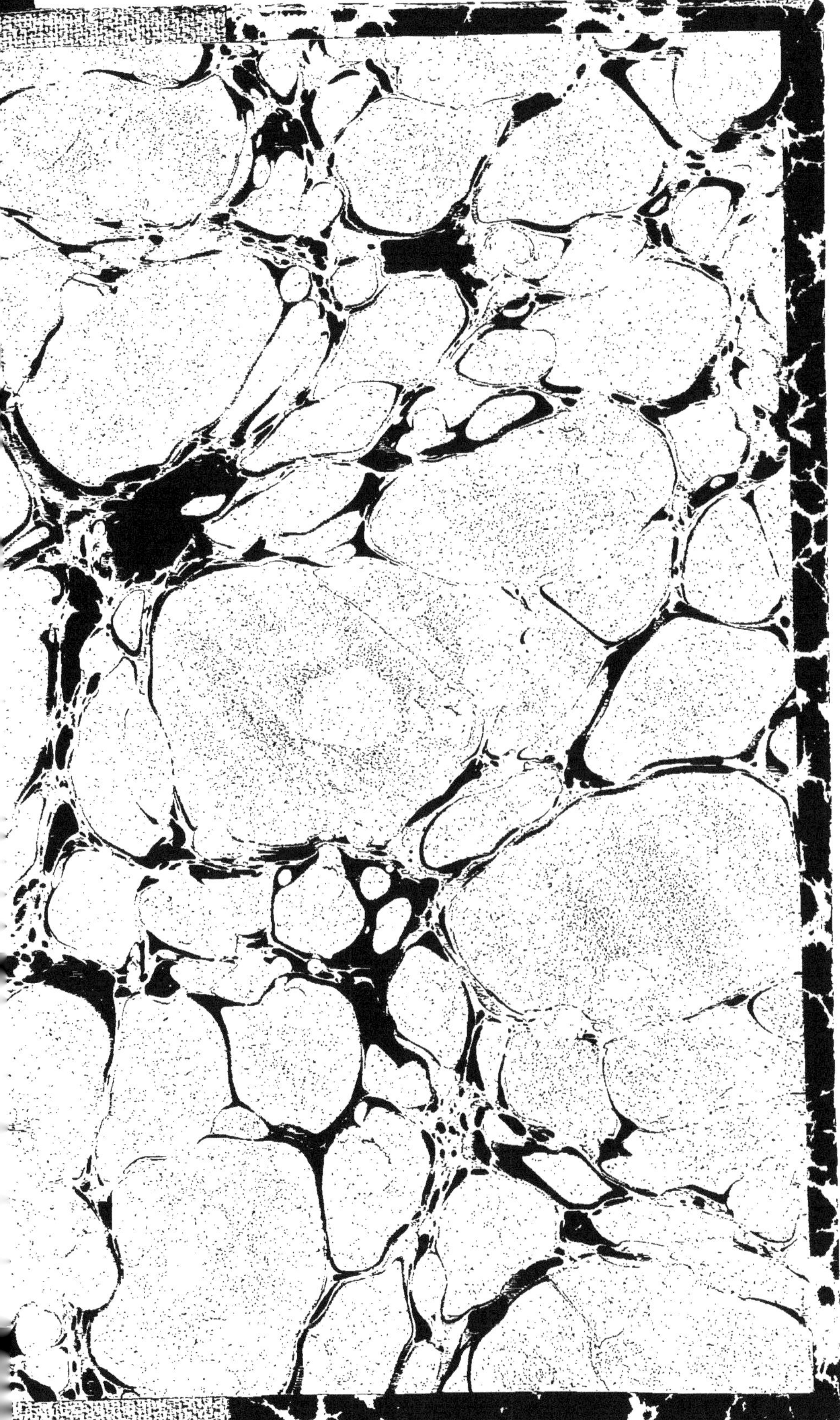

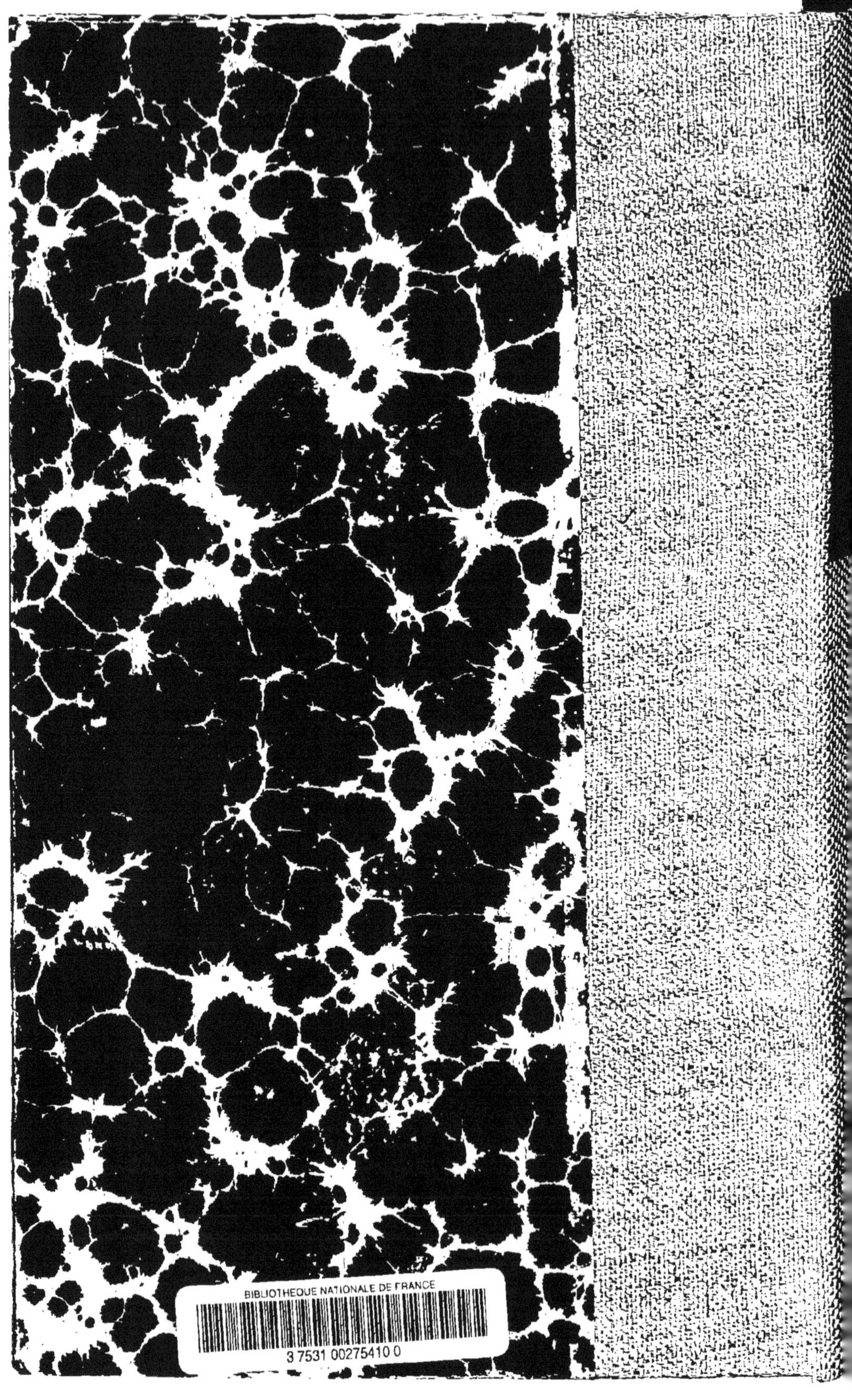

www.ingramcontent.com/pod-product-compliance
Ingram Content Group UK Ltd.
Pitfield, Milton Keynes, MK11 3LW, UK
UKHW020424200726
13857UKWH00002B/273